跨越山丘

DISC+化解人生困境

陈韵棋　五顿　夏聪◆主编

華中科技大學出版社
http://press.hust.edu.cn
中国·武汉

图书在版编目(CIP)数据

跨越山丘:化解人生困境 / 陈韵棋,五顿,夏聪主编. —武汉:华中科技大学出版社,2023.8

ISBN 978-7-5680-9787-1

Ⅰ. ①跨… Ⅱ. ①陈… ②五… ③夏… Ⅲ. ①成功心理-通俗读物 Ⅳ. ①B848.4-49

中国国家版本馆 CIP 数据核字(2023)第 120825 号

跨越山丘:化解人生困境
Kuayue Shanqiu:Huajie Rensheng Kunjing

陈韵棋 五顿 夏聪 主编

策划编辑:沈 柳
责任编辑:康 艳
装帧设计:琥珀视觉
责任校对:刘小雨
责任监印:朱 玢
出版发行:华中科技大学出版社(中国·武汉) 电话:(027)81321913
武汉市东湖新技术开发区华工科技园 邮编:430223
录 排:武汉蓝色匠心图文设计有限公司
印 刷:湖北新华印务有限公司
开 本:710mm×1000mm 1/16
印 张:20
字 数:297 千字
版 次:2023 年 8 月第 1 版第 1 次印刷
定 价:56.00 元

contents

内含DISC免费测评+
DISC空中课堂视频

DISC 理论解说

本书的理论依据来自美国心理学家威廉·莫尔顿·马斯顿博士在1928年出版的 *The Emotion of Normal People*。他在书中提出：情绪是运动意识的一个复杂个体，它由分别代表运动神经本性和运动神经刺激的两种精神粒子传出冲动组成。这两种精神粒子的能量通过联合或对抗形成四个节点，分别是 D、I、S、C 这四个节点是通过以下两个维度来划分的。

一个是，环境于我是敌对的还是友好的。如果对方呈现敌对的状态，大多数情况下，我更关注任务层面，很少和他人交流个人感受；如果对方呈现友好的状态，我常常倾向于先建立良好的人际关系。简单来讲，就是关注事还是关注人。

一个是，对方比我强，还是比我弱。如果我强，我就会用指令的方式，呈现主动出击的状态；如果我弱，我就会用征询的方式，呈现被动逃避的状态。简单来讲，就是直接(主动)还是间接(被动)。

维度一：关注事/关注人。

换句话来说，就是任务导向，还是人际导向。如果是任务导向，大多谈论的是事情本身，面部表情会比较严肃；如果是人际导向，大多就谈论人，面部表情会比较放松。也可以用温度计作比，关注事的人，温度会比较低一点；关注人的人，温度会比较高一点。

那么在企业里，是关注人好，还是关注事情好呢？如果只关注事情，团队里就不会有凝聚力，企业很难长时间存续；如果只关注人，团队就不会有业绩，企业就不能做大做强。所以，在一个团队里，如果我们不能做到既关注人，又关注事情，那最好是要有关注人的人，也要有关注事情的人，就是要做到"打配合，做组合"。

维度二：直接(主动)/间接(被动)。

你是否常常觉得有些人做事情太优柔寡断？或者总是被人催促？如果你是前者，那就是比较主动；如果你是后者，那就是比较被动。

换句话来说，主动就是直接，讲话单刀直入，表现出强大的气场，节奏很快、果断、有激情；被动就是间接，讲话委婉含蓄，表现得比较随和、小心谨慎、安静而保守。

究竟是直接好，还是间接好呢？答案是：从他人的角度出发。如果对方是直接的，就用直接的方式；如果对方是间接的，就用间接的方式。与人沟通的时候，用对方喜欢的方式对待他，往往容易得到想要的结果。

根据这两个维度就可以把人大致分为 D、I、S、C 四种特质。

关注事、直接：D 特质。关注人、直接：I 特质。

关注人、间接：S 特质。关注事、间接：C 特质。

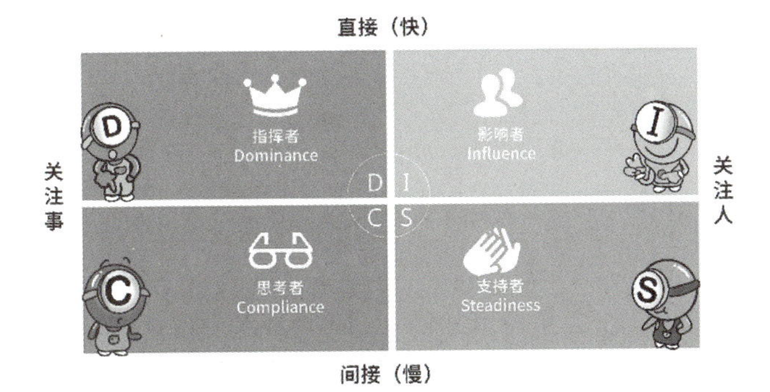

D 特质——指挥者

D 是英文 Dominance 的首写字母，单词本义是支配。指挥者目标明确，反应迅速，并且有一种不达目的誓不罢休的斗志。

注重结果，目标导向	高瞻远瞩、目光远大	有全局观，抓大放小	不畏困难，迎接挑战
精力旺盛，永不疲倦	意志坚定，越挫越勇	工作第一，施压于人	强硬严厉，批评性强
脾气暴躁，缺乏耐心	控制欲强，操控他人	自我中心，忽略他人	不善体谅，毫无包容

处世策略：准备……开火……瞄准！

驱动力：实际的成果。

处世策略：准备……开火……瞄准！

特点识别：

从形象上来看——常常穿着干练、代表权威的服饰，比如职业装；因为时间观念很强，喜欢戴大手表；很少佩戴首饰，不太关注头发等细节。

从表情上来看——很严肃，甚至严厉，笑容很少；目光犀利，眼神笃定，不怕直视对方。

从动作上来看——很有力量，能鼓舞人；说话快、做事快、走路也快。

从说话上来看——音量大、高亢，语气坚定、果断。

面对压力时：

对抗而不是逃避，会变得更加独断，更加强调控制权，比平时更关注问题；对于那些优柔寡断、行动缓慢的人，尤其没耐心。

希望别人：回答直接、拿出成果。

代表人物：董明珠。

董明珠是格力董事长、商界女强人，她的霸气众人皆知。曾有同行这样形容她："她走过的路，寸草不生！"2013 年 12 月，在央视"中国经济年度人物颁奖盛典"上，小米董事长雷军向她发起挑战说："小米如果在 5 年内的营业额无法击败格力，我就输给董明珠一块钱。"董明珠霸气地反击："一块钱我不赌，要赌就赌十个亿。"

I 特质——影响者

I 是英文 Influence 的首写字母，单词本义是影响。影响者热爱交际、幽默风趣，可以称作"人来疯"和"自来熟"。

善于交际，喜欢交友	才思敏捷，善于表达	幽默生动，充满乐趣	别出心裁，有创造力
善于激励，有感染力	积极开朗，追求快乐	口无遮拦，缺少分寸	不切实际，耽于空想
情绪波动，忽上忽下	丢三落四，杂乱粗心	缺乏自控，讨厌束缚	畏惧压力，不能坚持

处世策略：准备……瞄准……开火！

处世策略：准备……瞄准……开火！

驱动力：社会认同。

特点识别：

从形象上来看——喜欢色彩鲜艳的衣服，关注时尚；喜欢层层叠叠的穿衣方式、夸张的佩饰、独特的发型。他们会把自己打扮得光鲜亮丽，吸引他人的眼球。

从表情上来看——丰富生动、爱笑；在社交场合，常常是嗓门最大、笑声最多的。

从动作上来看——很多肢体语言，动作很大，比较夸张；喜欢身体接触。

从说话上来看——音量大、语调抑扬顿挫、戏剧化。

面对压力时：

第一反应是对抗，比如口出恶言，他们试图用自己的情绪和感受来控制局势。有时候给人不舒服的感觉。

希望别人：优先考虑、给予声望。

代表人物：黄渤。

黄渤幽默风趣，很会调动气氛。在日常演讲和交际中常常面带微笑，非常容易感染别人；他的演技也得到广大观众的认可和喜爱，在娱乐圈，拥有好人缘。

S 特质——支持者

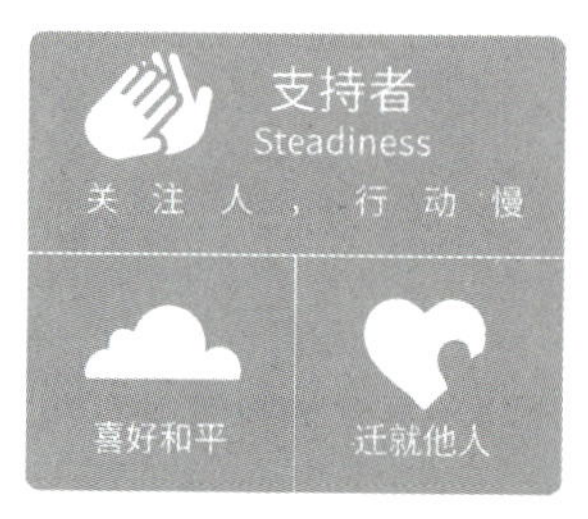

S 是英文 Steadiness 的首写字母，单词本义是稳健。他们喜好和平、迁就他人，凡事以他人为先。

善于聆听，极具耐心	天性友善，擅长合作	化解矛盾，避免冲突	关心他人，有同理心
镇定自若，处事不惊	先人后己，谦让他人	惯性思维，拒绝改变	迁就他人，压抑自己
自信匮乏，没有主见	行动迟缓，慢慢腾腾	害怕冲突，没有原则	羞于拒绝，很怕惹祸

处世策略：准备……准备……准备……

驱动力：内在品行。

特点识别：

从形象上来看——服饰以舒适为主，没有特点就是最大的特点，不想成为焦点。

从表情上来看——常常面带微笑，安静和善、含蓄，让人觉得容易亲近。

从动作上来看——动作不多，做事慢，习惯不慌不忙。

从说话上来看——音量小、温柔，语调比较轻，一般不太主动表达自己的情绪。

面对压力时：

犹豫不决。他们最在意的是安全感，害怕失去保障，不愿冒险，更喜欢按部就班地按照既定的程序做事情。

希望别人：作出保证，且尽量不改变。

代表人物：雷军。

小米的创始人雷军，笑容可掬，很有亲和力。有一次，他去一个新的办公地点，因为没有戴工牌，所以保安不让他进。雷军很有绅士风度地跟那个保安说："我姓雷。"谁知道保安不买账，对他说："我管你姓什么，没有工牌就是不能进。"雷军无奈，只好打电话给公司的行政主管，让主管下来接自己。

C特质——思考者

处世策略：准备……瞄准……瞄准……

C是英文Compliance的首写字母，单词本义是服从。他们讲究条理、追求卓越，总是希望明天的自己能比今天的自己更好。

条分缕析，有条有理	关注细节，追求卓越	低调内敛，甘居幕后	坚韧执着，尽忠职守
善于分析，发现问题	完美主义，一丝不苟	喜好批评，挑剔他人	迟疑等待，错失机会
专注细节，因小失大	要求苛刻，压抑紧张	死板固执，不会变通	忧郁孤僻，情绪负面

处世策略：准备……瞄准……瞄准……

驱动力：把事做好。

特点识别：

从形象上来看——简单整洁，不会花里胡哨，佩戴饰品多为精致的类型，显示专业的形象。

从表情上来看——很少有面部表情，比较严肃，让人觉得有距离感。

从动作上来看——手势比较少，动作比较慢，不喜欢有过多的肢体接触。

从说话上来看——声音比较小，稳定，讲话比较单调，没有抑扬顿挫，速度较慢。

面对压力时：

第一反应是逃避。他们会避免面对给自己带来压力的情境。

希望别人：提供完整详细的资料。

代表人物：乔布斯。

苹果创始人乔布斯是极简主义者，他的这种作风延伸到了苹果的产品设计上，而且他对于极简审美有着近乎苛刻的追求，才让苹果如此地受欢迎。他发挥了超高的 C 特质。

他的方法论是用户体验至上。在用户体验之前，他把自己放在用户的角度，提前体验，可以说他是苹果的“首席设计师兼首席体验官”。

经过 90 多年的发展，马斯顿博士提出的 DISC 理论在内涵和外延上都发生了巨大的变化。利用 DISC 行为分析方法，可以了解个体的心理特征、行为风格、沟通方式、激励因素、优势与局限性、潜在能力等等。也可以将 DISC 行为分析方法广泛应用于现代企业对人才的选、用、育、留。

DISC+社群联合创始人、知名培训师和性格分析标杆人物李海峰老师，深度研究 DISC 近 20 年，并在 2018 年与肖琦和郭强翻译了《常人之情绪》。他提出，学习 DISC 有三个假设前提：

1. **每个人身上都有** DISC

每个人身上都有 D、I、S、C 特质，只是比例不一样而已。所以，每个人的行为和反应会有所不同。

有些人 D 特质比较明显，目标明确、反应迅速；有些人 I 特质比较明显，热爱交际、幽默风趣；有些人 S 特质比较明显，喜好和平、迁就他人；有些人 C 特质比较明显，讲究条理、追求卓越。每个人身上并不是只有一种特质。比如电视剧《亮剑》里的李云龙。平日里，他呈现的 D 特质比较多，但是在不同情景下，也会呈现 I、S 和 C 的特质。

在与日军号称精锐部队的第四旅团的坂田联队交战中，旅长命令李云龙后撤。李云龙呈现了果断的 D 特质，率全团向敌人发起进攻，击溃坂田联队，从正面突围；他和老战友见面喝酒聊天的时候，欢声笑语，呈现的是 I 特质，说自己当年也是有名的俊后生；在安葬新婚妻子的时候，他更多呈现的是 S 特质。他说："我李云龙爹娘死得早，没有兄弟，没有姐妹，没有亲人，可我咋觉得你躺在这，我李云龙半条命都埋在这儿了。"说完就哭了起来。还说，以后要是有了儿女，会带他们来给她扫墓，告诉他们这儿埋着一位亲人；虽然读书少，但论起战术，他就会呈现 C 特质，钻研打仗的方案。

所以，当我们遇到问题的时候，想一想：凡事必有四种解决方案。

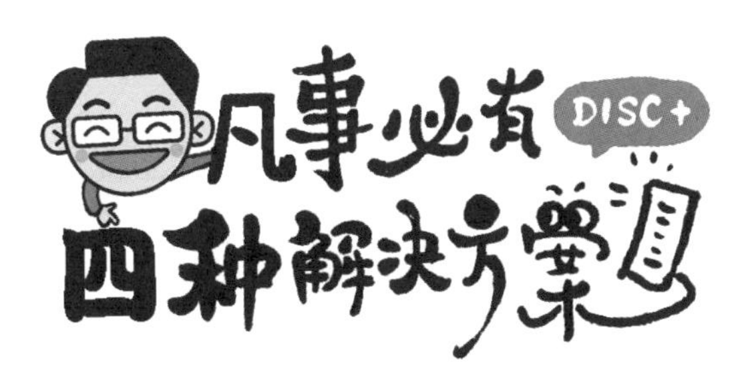

2. D、I、S、C **四种特质，没有优劣，都是特点**

D、I、S、C 四种特质没有好坏对错之分，都是人的特点。用好了就是优点，用错了就是缺点。

有人觉得 D 特质的人太强势，但他们可以给世界带来希望；有人觉得 I 特质的人话太多，但他们可以给世界带来欢乐；有人觉得 S 特质的人太保守，但他们可以给世界带来和平；有人觉得 C 特质的人太挑剔，但他们可以给世界带来智慧。

懂得了这点，我们就有能力把任何缺点变成特点，可以向对方传递"我懂你"的态度，这样可以拉近彼此的距离。比如：下属做好了一份报告，我们发现数据有很多漏洞，如果就劈头盖脸地骂道："这些数据全错了，你究竟有没带脑子呀？"这个时候，下属接收到的一定是批评和指责，心里也会不好受；如果我们说："这些数据有很多漏洞，你可以多用一些 C，拿回去重做，我期待你的表现。"这个时候，下属接收到的是鼓励和包容。

3. DISC **可以被调整和改变**

很多朋友会好奇：一个人的行为风格可以调整和改变吗？其实，我们每天都在改变。

当我们不注意的时候，惯用的行为模式就会悄悄显露。比如，在面对 D 特质的老板时，我们可能更多使用 S 特质来回应；在面对不愿意写作业的孩子时，我们可能使用 D 特质来应对。其实在与他人互动的时候，我们的行为已经在调整和改变。重要的不是 D、I、S、C 哪种特质，而是如何使用每一种特质。

过去我们是谁，不重要；重要的是，未来我们可以成为谁。只要有意识地调整，我们每一个人都可以成为自己想成为的样子。

学习 DISC 有三个阶段。

第一阶段：贴标签。通过对他人行为的观察，基本可以识别对方哪种特质比较突出。

第二阶段：撕名牌。每个人在不同的情境下，有可能呈现不同的特质。

第三阶段：变形记。需要的时候，我们可以随时调整自己，呈现当下所需要的特质。遇到事情的时候，也要记得提醒自己：凡事必有四种解决方案。

我们常说：职场如战场。其实这句话有问题。战场上，我们面对的都是敌人；职场上，我们需要学会与人合作。

成熟的职场人士关注两个维度：事情有没有做好，关系有没有变得更好。DISC 就是这样一个可以帮助我们有效提升办事效率、提升人际敏感度的工具，一个值得我们一辈子利用的工具。

第一章

在探索中前行，在学习中疗愈

作家博尔赫斯曾说过:“一朵玫瑰正马不停蹄地成为另一朵玫瑰，你是云、是海、是忘却，你也是你曾经失去的每一个你。”

润知

DISC+讲师认证项目A17期毕业生

实战型人力资源管理者

热爱中医的健康达人

扫码加好友

润知 BESTdisc 行为特征分析报告

SIC 型

1级　工作压力 行为风格差异等级

DISC+社群

报告日期：2022年11月18日

测评用时：09分54秒（建议用时：8分钟）

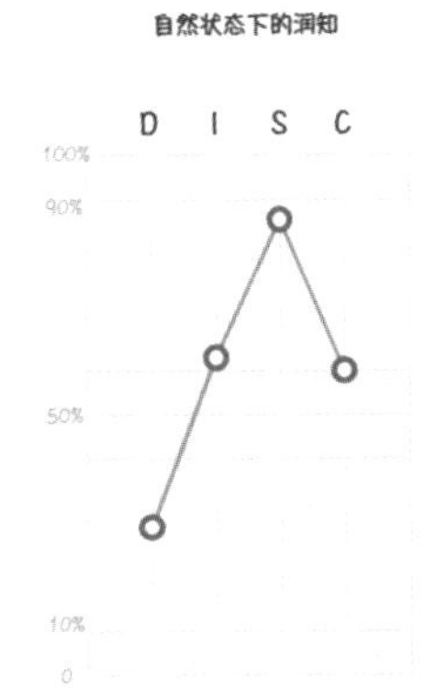

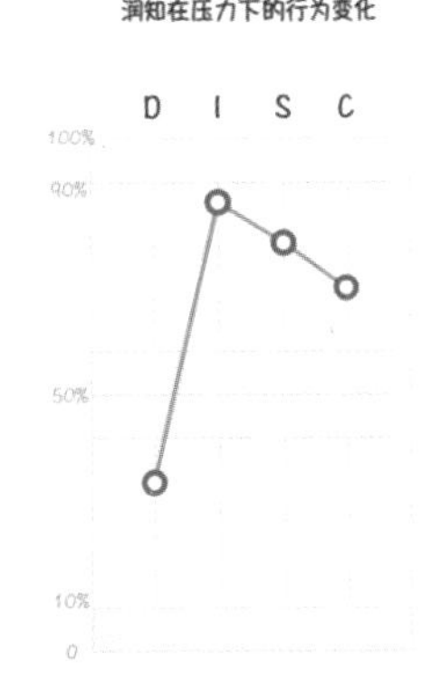

D-Dominance(掌控支配型)　I-Influence(社交影响型)　S-Steadiness(稳健支持型)　C-Compliance(谨慎分析型)

润知有耐心、周到、细致、可靠、友好、用心，使别人感觉轻松、舒服；作为一个做事公正、考虑周全的个体，她能与大多数人相处得很好；她乐观向上，坦然接受挑战和变化，善于开展多样化任务，并且与不同的人打交道；她有着优秀的沟通技巧，仿佛能“读”懂别人和群体的心思，并根据人际情境做出调整；她会运用收集到的信息，凭着经验和知识，小心、透彻、有逻辑地开展工作。

在突破成长中遇见更好的自己

在人生路上，我们不断承受着变化，有欢笑、有泪水，有高峰、有低谷，有顺境、有逆境。在近 20 年的职业生涯中，我的每一次蜕变都让自己重新认识自己，了解自己，成为今天更好的自己。

事半功倍的人际整合力

上学时，我就是那个“别人家的孩子”，学习从来不需要父母操心，而且名列前茅，顺利考进大学。在大学里，也是别人眼中的“学霸”，保送读了硕士研究生，还每年拿一等奖学金。然而，进入职场后，我突然发现自己不优秀了。

我进入的是一家房地产公司，在人力资源部门工作，主要负责收发文件、写会议纪要、做统计表等各种琐碎杂事，同时协助资深同事完成各种工作，例如搜简历、整理员工档案等等。部门里的每一个同事都可以使唤我。

这些都让我很有挫败感，因为读了几年研究生，专业知识却没有应用到实际工作中。但我知道初入职场，不能轻易放弃。无论如何，要把每一项工作做好。

经过一段时间的调整，我开始积极面对当下的处境，并欣喜地发现这些琐碎的杂事里的大学问。例如，在写会议纪要时，我可以更深入地了解领导对各项工作的想法和要求，当接受指派任务的同事在执行过程中存在问题，我就向同事“透露”领导对这项工作的期望。同事更精准地完成任务并获得领导认可，他们对我更加信任了。我及时而准确地输出会议纪要也获得了领导的赞许。

这样一来一往，我和同事的关系变得更融洽了，领导也开始给我安排一些专项工作，如年度薪酬报告的提炼汇总、公司的资质管理、专项人才考核等。

工作不到两年，我就成为人力资源管理系统 ERP 项目负责人，负责实施部门全模块的信息化系统搭建工作。因为之前打下的人际关系基础，这项工作得到了各个同事的支持和配合，我最终顺利完成任务并晋升为主管。

工作第四年，我调岗到了培训部门，开始负责培训管理工作。正值公司筹备企业大学，我接到一项艰巨的任务：输出一份企业大学搭建的思路和方案计划。这是一项全新的工作内容，没有任何借鉴，作为培训新人的我，要怎么才能把这项工作做好呢？

与 ERP 项目不同的是，除了内部资源，这次还要整合外部资源。于是，我把与公司合作过的所有培训机构、高校的联系人都找出来，与他们逐个电话沟通或面对面交流，迅速了解了培训行业的发展动态、房地产同行在人才培养方面的举措以及外资公司搭建企业大学的经验，同时获得了很多文字资料以及呈现方式的参考思路。

最终，我顺利输出一份企业大学构建方案，并获得了领导的高度赞赏。领导将这份 PPT 在行业人力资源大会中进行了分享，吸引了许多同行前来交流经验。

我也因此被培训机构邀请参加 HR 分享会。才工作五年的我，站在讲台上向很多资深同行分享公司搭建企业大学的思路和心得，不仅进一步开拓了思路，收获了培训同行的友谊，还因此坚定了在人力资源管理工作方面深耕的信心。

职业生涯的前十年里，我最大的收获就是发现并训练了自己的人际整合力。这也让我懂得了一条生存法则：一个人的力量是有限的，想要在人生的道路上获得成功，除了靠自己努力奋斗之外，还需要借助他人的力量，就像是三月里的风筝，凭借好风力，才得以望尽大好河山。

凝聚人心的人际包容力

在我职业生涯的第十年，我又获得一次晋升机会——外派至澳大利亚分公司担任副总经理，分管公司的人事、行政、法务等工作。

无论是工作内容、工作环境，还是同事、语言，都是新的，而且国内的工作方法在这里似乎完全行不通。例如，在国内，我习惯通过电话与他人沟通，而在澳大利亚就必须通过邮件；在国内遇到问题，找个朋友就能快速处理，而在澳大利亚只能按照既定程序，没有快捷通道。

我每天在练习英语的同时，还要调适自我，改变原有的惯性思维和方法，尝试了解本地的规则，摸索本地的规律。其中最具挑战的任务就是实现公司人才本土化，快速吸纳本地人才，并让他们迅速融入。作为公司副总，这个过程我必须全程参与，并作为带头人去推进落实。

澳大利亚作为一个移民国家，多元文化特色显著，极具包容性，所以我必须用包容的态度去面对每一个应聘者，更侧重了解他们的原生文化，以及他们对中国文化的认知和理解。我用一年的时间完成了本地人才占比70%的目标。

招聘不是最难的，最难的是让员工融入与贡献。虽然应聘者入职时都对融入中国文化达成了共识，但价值观和行为模式是很难改变的，他们依然有各种不适应。例如，上下班打卡、经常要写报告和请示、财务报销隔月才发放等等。

在澳大利亚，人力资源部门必须及时处理好员工关系，否则员工会去澳大利亚公平工作调查机构投诉。每天处理矛盾搞得我焦头烂额，心力交瘁。如何协同多元文化氛围，让大家凝聚在一起并产生工作绩效是我面临的巨大困境。

有一天，法务经理（英国人）来找我汇报工作，结束的时候，他突然对我说："很开心在你的领导下工作，我觉得你思想很开放、很包容，愿意认真倾听我的想法，这让我更加信赖你。"

我顿悟了：包容力可以凝聚人心。为什么我们不做一场让同事互相了解，从而包容对方的培训呢？于是，我策划了一个与包容力相关的系列培训，每天中午一个小时，每周一次，持续两个月，全员参加。

在培训期间，我还组织全员投票选出了澳大利亚分公司的价值观。每一条价值观都让员工结合包容力来分享。两个月下来，同事间建立了信赖，关系更加融洽，公司氛围更好了，工作效率也得到了提升。

在澳大利亚工作的三年，我的包容力比以前更强了。**包容力让我更擅长用同理心去倾听，从而与员工建立伙伴关系，提升彼此之间的信任度**。正如李海峰老师所说的："有足够的包容性、能与天下人相处、不同的人愿意贡献自己的长处，这种多元化基础上的平衡就是最佳的。"

推动变革的人际影响力

外派期满回国后，我又接受了一个新的挑战——分管公司下属一家医美机构的人力资源管理，同时要兼顾机构经营目标的达成。

对我而言，这是一个全新的行业、全新的团队，以及全新的工作目标。我不再只是考虑人的问题，我的所思所想更要与经营紧密结合。

医美行业与房地产行业差异非常大。与房地产行业不同，医美行业的产品开发周期短，产品类型丰富，客户成交快，而且复购率非常高；医美行业门槛低，人员素质普遍偏低；医美机构的现金流每天都很大，经营问题就更容易显现。

我接手时，这家医美机构正面临着经营困境，出现业绩不理想、团队能力弱、凝聚力不足等问题。领导对我的要求是"变革势在必行"。

提到变革，我首先想到的是战略、组织架构、流程、文化这些关键词。既然经营目标有了，那就要调架构、调岗位、优化流程。于是，我根据服务流程优化了组织架构，制订了相应的岗位说明和工作流程规范，并针对一线业绩岗位调整了激励机制。

刚开始还有点效果，在激励机制的刺激下，员工的积极性有了一定的提升，但是这种行为并没有持续，而且经常会出现波动。同时激励机制的带动也带来了一定的副作用，导致销售人员对提成的计算方式斤斤计较，内部小矛盾不断。业绩虽然有一定提升，但始终没有达到经营目标。高层领导对团队始终不满意，评价是服务意识差、缺乏热情。

我手足无措。一次偶然的机会，我读了一本书《影响力大师》。**后来，我又读到了美国著名的变革管理大师约翰·科特的一句话，他指出："在进行大规模变革的时候，企业面临的最核心的问题绝对不是战略、结构、文化或系统。问题的核心在于如何改变组织当中人们的行为。"**

我回想起之前走的那些弯路，原来从一开始自己就脱离了实际。因为变革本身会给人们带来一种不确定感，再要求人们改变很多行为，就让人们更加无所适从。随之而来的，就是压力以及挫败感，如此人们就更加难以积极地参与变革了。

所谓关键行为，就是那些能对变革产生事半功倍效果的行为，符合"二八定律"，即百分之二十的关键行为，决定百分之八十的结果。明白了关键行为的重要性之后，接下来就是要制订关键的举措。

我们以为太懒、太不负责任，是当事人的态度或品质不当，进而导致了事情的失败，实际的原因复杂得多。心理学家通过研究发现，人们做不做某项行为，是由"动力"(愿意不愿意)和"能力"(能不能做到)两个方面决定的。"动力"和"能力"又受到"个人"(就是当事人自己)、"社会"(和当事人相关的其他人)和"系统"(非人的因素)的影响。

通过调查，我得出推动变革的三个关键行为。

第一，每个人都要时刻保持微笑，无论面对客户还是同事，微笑是我们的共同行为。这是让团队通过行为调动情绪的关键动作，可以让团队成员的热情度提升。

第二，每一个到院的顾客都要由面诊医生服务。这个行为有利于提升医美机构的专业和品质，通过医生的专业面诊提升顾客对我们的信任度。

第三，每天到院的顾客结束服务后，接待人员必须询问顾客下次到院的时间。这个行为有利于提升顾客的到院率，同时增加销售成功概率。

在推动的过程中，我要求自己与核心管理层都要提升人际影响力。用物质激励机制只能满足员工的经济价值，而管理人员的人际影响力是要满足员工的情绪价值。我们要从员工的感受出发，将以上三个关键行为在员工中间进行推广。

从全员层面，我组织执行了每天的员工晨会、每周的管理例会、每月的员工大会。每次会议都分享、表扬员工实行关键行为的故事。通过我个人、管理层和员工的分享，不断唤起大家的情绪共鸣。

我惊喜地发现，我的人际影响力得到迅速提升。同时，身边的员工对关键行为的认同度得到强化，团队的士气和热情得到了全面提升。**可见，人际影响力可以推动企业的变革**。

结束语

在成长的路上，我发现了自己突出的特质和偏好，它们都是我的财富，穿越时光走到今天依然藏在内心，构成现在独一无二的我。

也许在世俗的眼光里，它们还不够好，但它们足够独特，是我的“内核”。我已不是从前的我，但还是那个不断成为更好的自己的我。

得到的创始人罗振宇曾经说过：“你受过的教育，经历过的职业背景，甚至犯过的错误，它们给你留下的遗产，都可以成为你当下价值的支撑点。”

人生的下一阶段，我希望通过发展自己身上那些突出的特质和偏好，从而帮助到更多的人，与有缘人共同谱写七彩人生；经营好自己的现在，奔向美好的未来！

刘燕

DISC+讲师认证项目A19期毕业生

国际注册内部审计师（CIA）

30年财控领域尖兵

财富流沙盘教练

AACTP国际认证行动学习促动师

扫码加好友

刘燕 BESTdisc 行为特征分析报告
IS 型
3级　**工作压力** 行为风格差异等级

DISC+社群
报告日期：2023年03月16日
测评用时：05分13秒（建议用时：8分钟）

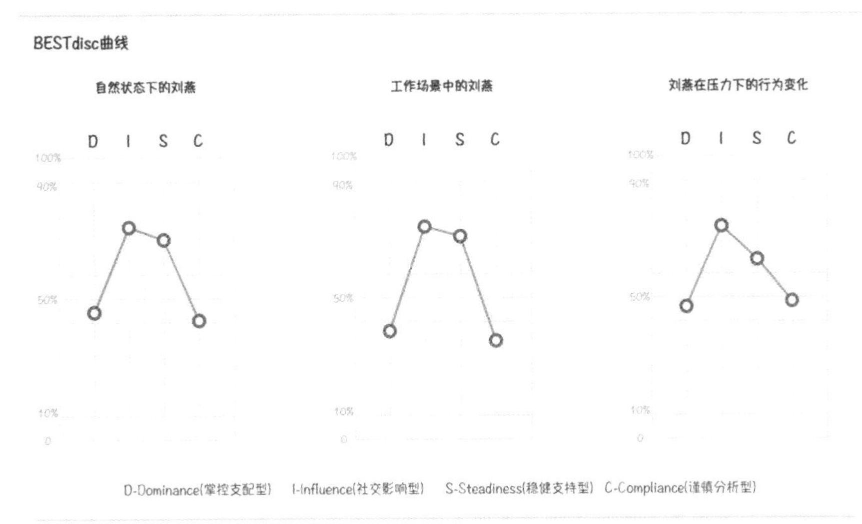

刘燕有很强的同理心，提倡协作，被公认为有团队精神和合作精神。她对所在的组织有强烈的责任心，会努力、坚持不懈地完成工作，勇挑重担；她天性温和有礼、真诚可靠，高度关注别人的情绪、需要和动机，通过人与人之间的多样性互动，她能影响和说服别人；她比较健谈、热情且热心、富于想象力，认为生活充满很多可能性。

纺织女工的逆袭之路

人生充满了大起大落，我们永远不会知道下一刻会发生什么，也不会明白命运为何这样对待自己。人生的每一条路，都是一种领悟。在人生的道路上，我们会遇到很多人与事，在经历了种种变故之后，褪尽最初的浮华，以一种谦卑的姿态看待这个世界。

命运的馈赠早已经标好了价格

20 世纪 70 年代，我出生在一个工人家庭，我上面还有姐姐和哥哥。

每到开学之际，父母都会为我们的学费起点争执，所以，生活的艰辛早早就在我年幼的心灵上刻下了烙印。

我参加中考时，中专很吃香，因为毕业包分配，考上中专相当于拥有了铁饭碗。对于没有任何社会背景与资源的家庭来说，中专无疑是最佳的选择。我中考成绩非常理想，很顺利地被一所中专的经济贸易专业录取。

在校期间，我学习成绩优异，年年评上“优秀学生”“优秀团干部”，奖状至今还保存在我妈妈那里。四年时光一眨眼就过去了，本以为能分配到一个好单位，谁曾料想就在我毕业这年改革了：打破以往包分配的格局，自主就业，自主择业。

作为班长、成绩排名第一的我，在无奈中也只能接受命运的安排，回到家乡，作为父亲所在企业的子弟，以合同制工人的身份进入了当地的老国企，成了一名纺织一线三班倒的挡车女工。班上那些有背景的同学，虽然成绩一般，却进入了医院收费处、银行柜台、企业的财务处等。自此，我与他们的人生有了分水岭。

既来之则安之。虽然工资不高，但也算得上是衣食无忧；三班倒虽然很辛苦，连续10个小时站在机器边操作，手指被纱线划伤、擦破点皮也是时常会发生的事情，但我很快乐。因为在那里，我遇上了初恋。我仿佛认命了，踏踏实实地工作。结婚、生子，经历大多数人所要经历的人生之路，也是一种幸福。

工作之余，我还向所在国企的内刊投稿，稿费每篇20元。虽然不多，但对我来说，是一种另外的肯定，也促成了我自主学习大专及本科的课程，梦想着哪天通过自己的笔杆改变自己的人生。

有时候命运就是这么莫名其妙，在一篇稿件中，我提及自己的学历以及当时备考"珠算能手级"时的经历，正遇上老国企筹备上市，财务人员不足，于是，我被通知借调至分工厂财务室担任成本核算员。欣喜之情无以言表，我回到家抱着老爸转了几个圈，家人也因这件事感到门楣有光。

我很珍惜这个来之不易的机会，什么累活都抢着干，这些对比我之前在流水线上工作的累不值一提。为了准确核算各车间的物料成本，每到月度盘点时，我在车间一待就是几天。国企内的财务人员，有些不是科班出身，但是整体的财务逻辑及账理严谨得"可怕"，靠的就是老师傅"传帮带"。

在借调的一年中，我的师傅事无巨细地传授着他的经验。师傅严谨教，我认真学。日子过得飞快，1998年，国企成功在A股主板上市。我的"好日子"也到头了，原有的财务人员将回归到原本岗位，那些借调来的人员则采用"择优录取，竞聘上岗"。

我的师傅安慰我："你可以的，技能不错呢！"可人算不如天算，我虽然在技能类考试中拿了第一名，但在面试环节被淘汰，时隔多年后才知道，当时被录用的是单位某个科室科长的孩子。

我又回到了棉尘飞舞、机器轰鸣的流水线上。屋漏偏逢连夜雨，相恋六年的男友提出分手，已敲定的婚期也作废，往日的种种承诺烟消云散，家人劝解、朋友调解都无用。万般痛苦之下，我最终选择了放手。两个月后，我收到他结婚的请柬，新娘是我的闺蜜。

那段时间很难熬，外面到处是人们的风言风语和冷嘲热讽。我不敢出门，只能把自己一个人关起来，难过的时候就写写日记。母亲看不下去了，天天拉着我出去走。出嫁的姐姐也特意搬回来住，陪着我睡觉。虽然没有爱情，但我看到了珍贵的亲情，我下定决心：为了我的家人，我要好好活着。

两年后，家人和朋友开始给我介绍男朋友，我因此认识了现在的爱人，开始了新的感情，他就是命运的馈赠。

他在另外一家国企的财务处工作，这让我俩有了许多共同话题，同时他帮我理清了接下来的路如何走，用现在时兴的话说：职业规划，他鼓励我重拾以前的专业。从考会计证开始，我踏上了 20 年考证征程。

别以为是生活欠我们一个满意，其实是我们欠生活一个努力

平淡的日子很快被打破，爱人所在的国企破产了。为了生计，他选择暂别妻儿“南漂”。一年后，我也从供职了 10 年之久的国企辞职“南漂”，一切都从头开始。初到广州，面对生机勃勃的景象，新鲜感和好奇心暂时掩盖了我心中的离乡背井的落寞感。

落脚后开始投简历。对于一个只会打字的纺织女工来说，这是前所未有的挑战。我要感谢人生中的贵人，是她面试并顶着压力录用了我，她极力说服公司老板，并带我正式走上了财务之路。至今，我们还保持着亦师亦友亦家人的情谊。

离开了“熟人社会”，来到“陌生人社会”，一切都要靠自己的能力及勤奋。仿佛是憋足了前 10 年所有的激情，我在工作中努力表现自己，不放过任何可以彰显自己的地方。对于那些认为不对的事情，更是直言不讳。

同事大多数是广州本地人，他们大多务实、低调、不争不抢，在公司中我就如同异类一般。或许是出于“鲶鱼效应”的考虑，一年后，我被公司老板晋升为客服部部长。这个客服部是全新的部门，我要做的是建立整体部门架

构，对内要协调各部门的关系，对外要处理突发事件及客户关系。

刚上任时，我还很自信地认为自己很适合这个角色，工作热情前所未有地高涨。我的能力及职位在工作中不断提升，最后升任为总经理助理，统管销售部、客服部、物流部等。

然而，每天诸多事务改变了我的性情，我的脾气变得暴躁，一丁点小事就上纲上线。果决、迅速的风格，导致我与各部门产生了各种摩擦，以至于没有一位真正能谈心的朋友。公司内也是硝烟四起，状况频出，股东之间的争斗激烈。得知自己被降职调任新区域担任销售经理后，我一气之下递交了辞呈。

“当你的才华还撑不起你的野心的时候，你就应该静下心来学习；当你的能力还驾驭不了你的目标时，就应该沉下心来历练。”

辞职在家的日子，节奏一下子就慢下来，我一片茫然，也没想好未来的道路到底如何走。思前想后，最后决定利用这段时间边找工作边考证，于是就报考企业培训师资格证。取证之日，我也得到了去一家新能源上市公司工作的机会，职位是财务开票员。

面试时，财务总监问了我一个问题：“为何要投个职位，对比之前的那个位高权重的角色，你真能做下来吗？”我至今清晰记得当时的回答：“只要我自己愿意，没有什么做不做得下来的，我需要的是打磨。”

对，我需要打磨，需要从底层去建构我的财务逻辑及功底，还要陶冶自己的性情。人生走过的每一步都算数，慢一点不要紧，只要在正确的路上。很快，我就在公司崭露头角，从开票员做到了预结算部经理，分管税务筹划。在这个领域，我如鱼得水。

因业务中涉及不少内控方面的知识，于是，我在工作之余报考了国际注册内部审计师（CIA）、国际注册风险控制师（CRMA）。通过学习，我对企业的风险把控有了全面清晰的架构，并协助公司建成了内控体系。

当公司内部选聘审计总监时，我递交了申请。我落选了，我不理解为什么我有资质、有能力，依然不能担任这个职位，不明白自己的际遇为何总是不顺。

正如谓：有时上帝关上了一扇门，会为我们打开一扇窗。我曾经帮助过的一位企业主向我发出邀请——担任他企业的财务总监。这家企业属于新零售行业，有别于我之前所待过的制造业，更为重要的是，这位老板赋予了我更多的权限，需要我帮他打造全新的数据化财务体系及共享中心。全新的模块、全新的行业，对我产生了很大的诱惑。在完成公司的半年财报后，我正式加入了这家新零售快消品公司。

虽说财务万变不离其宗，遵循的都是国家财务会计准则，但还是有行业之间的壁垒。从制造业到零售快消业，许多技能操作都千差万别。

公司是世界 500 强外企在中国的分销商，而外企对于分销商的管理是全方位的，包括能力建设、架构体系、运营能力、内部控制等。每两年一次的大中华区全球分销商审计让我学习到什么是真正的业财融合，了解到国际会计准则与中国会计准则的差异之处。

更重要的是，我很快地体会到财务思维与生意思维的碰撞。为了弥补这方面的欠缺，我报考了国际会计师（AAIA），后续又顺利获得了美国注册管理会计师（CMA）、国际注册反舞弊师（CFA）、高级国际财务管理师（SIFM）资质。

就在我踌躇满志之际，因工作上的失误，导致公司某个重要项目的数据混乱。虽未造成直接经济损失，但从长期战略目标来看损失不可估量。董事会问责、股东施压，直接导致公司上下对我失去信心，一周之内团队 30 人提出集体离职，我成了光杆司令。

看着满目疮痍的局面，我手足无措，整夜失眠，甚至想干脆也离职，但要强的性子又让我不甘心，即使要走也要将局面处理得非常好！于是，我立马跃起，拟下军令状：三个月内打造全新的财务团队，半年内挽回因失职导致的损失。事实证明我做到了。

一连串的经历让我更加明白该努力的时候，别选择安逸。不能什么都不做，还什么都想要。世上没有不劳而获的东西，空想只会一场空。不尝试、不努力，永远不知道会拥有什么。**其实并不是生活欠我们一个满意，而是我们欠生活一个努力！**

每一个想要学习的念头，都有可能是未来的我在求救

经过那次重创重构后，2017 年，我有幸成为公司的合伙人，从管理一个部门几十人变成了管理近千人；从以前只看财务板块变成参与到企业生产运营及战略管理中。

这又是一个全新的挑战：如何向上、向下管理？如何激励团队？如何营造氛围？这一切都迫使我向外寻求，学习学习再学习！我如同晒干很久的海绵，疯狂地吸收着外部的水分。

我先是报名参加樊登老师的“可复制的领导力”的学习；在学习“39 次演讲”时与五顿老师成为好友，一路跟随成为樊登读书官方认证的三星演讲教练。

教是最好的学。为了将多年的专业及管理经验更好地输出，我还成为国际认证翻转教练、国际认证培训师、国际认证行动学习促动师及财富流沙盘教练。

一路狂奔式的学习，让我的软实力在短期内得到了迅速提升，让我有了与外部交流的底气。我连续主持并直播三届“中国管理会计高峰论坛”圆桌会议，观看人数从首届的 8 万人增长到第三届的 11 万人；2021 年，我与领导力学院广州地区的老师合作，创设了大湾区领导力线下沙龙，连续举办了 25 场沙龙；建立了企业营销管理学院，负责每月一场企业内训、每季一场管理者培训，并在企业内开设财务领导力课程；2022 年下半年，还为企业及青少年做了 28 场财富流沙盘演练，让参与者在玩中受益，在游戏中受启发，帮助他们觉察自己，向内看、向外寻。

也许，学习已经成为我生命中的常态。但，我清楚地知道，每一个想要学习的念头，都有可能是未来的我在向我求救。

结束语

回望过往种种，我深深地体会到：任何事情都应该尝试一下。

因为我们无法知道，什么样的事或者什么样的人将会改变自己的一生。每一个普通的改变，都将改变普通，因为从决心变得更好的那一刻开始，我们就已经准备与一个全新的自己不期而遇。

加油吧，只要我们肯用心，无论何时，生活都不会辜负我们。

王蓓

DISC+讲师认证项目A18期毕业生

资深心理咨询师

IP操盘手

实战演讲教练

扫码加好友

王蓓 BESTdisc 行为特征分析报告

ID 型

0级 无压力 行为风格差异等级

DISC+社群

报告日期：2023年04月08日

测评用时：06分24秒（建议用时：8分钟）

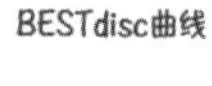

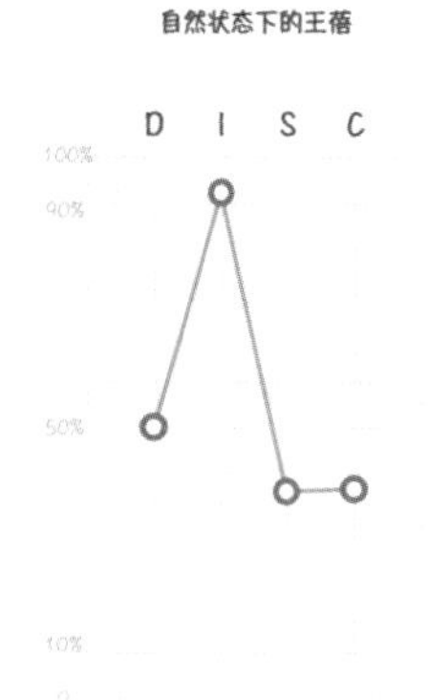

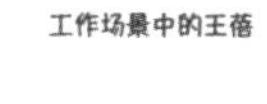

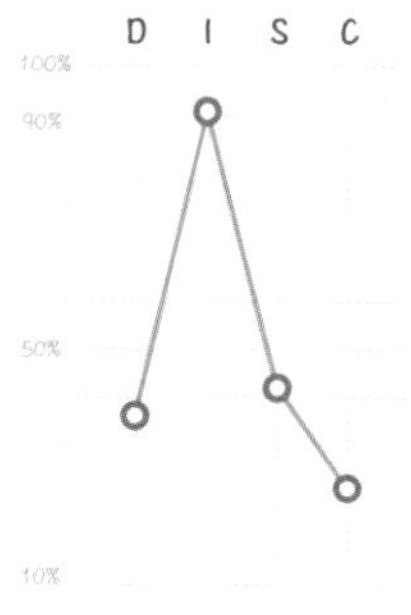

王蓓在压力下的行为变化

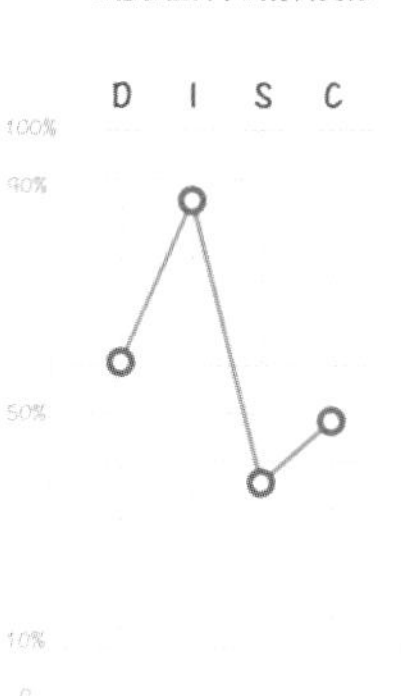

D-Dominance（掌控支配型） I-Influence（社交影响型） S-Steadiness（稳健支持型） C-Compliance（谨慎分析型）

王蓓注重事实，讲求实际，留意和记得具体细节；她善于人际交往，而且非常乐观向上；她能够读懂各种群体，能用一个非常吸引人的美妙愿景或一种核心目标感来说服和影响别人；她慷慨大方，而且有同理心，愿意支持别人；她最重要的特质是乐观、热情，容易相处，既可以是鼓舞人心的领袖，也可以是忠心耿耿的追随者。

错误是学习的好机会

你犯过哪些错误？工作不顺利就要辞职，明知道嫁错了人还一意孤行，身边的人一直告诉你错了，你却知错不改……

如果有一个人短时间内把这些错都犯了，你们觉得他会怎样？

不用猜，这个人就是我。

放弃高薪的工作，却换来一场鸡毛

2012年前，我遇到最痛苦的事就是妈妈去世。除此以外，我的人生看起来一切都非常完美。有一份受公司重用且收入不错的工作，负责一个很重要的市场；同事之间相处得融洽，有一群玩得来的朋友，一个人活得自由自在。然而，2012年5月，我做了一个错误的决定，人生直接跌进谷底，一度觉得自己再也不能翻身。

每天重复的工作，消磨了我的热情；对工作模式的质疑，使我渐渐感觉力不从心。突然，我萌生了一个想法：找个人结婚吧，也许一切就好了。于是，我上相亲网站，认识了Z君，两个月就“闪婚”了。

闪婚后，我发现他把我当自动取款机，用各种理由哄我把信用卡和工资都拿给他去挥霍。为了满足他，我拼命赚钱，连做梦都在见客户、谈单子。身边的人都觉得这一切很不对劲，不断地劝我，可我却陷在自己的内心戏里，觉得自己就是那个让浪子回头的人，只是努力得还不够。我沉浸在自己编织的美梦里，谁都叫不醒我。

不仅如此，Z君还跟前女友纠缠不清。我经常在外面出差，根本管不到他，怎么办？辞职！同事们都非常佩服我，竟然放弃一份收入很不错的工作。他们哪里知道，我只是想要回家看住Z君而已。

我带着结婚证，找到了Z君的前女友，告诉她他已婚的真相，请她离开。然而，前女友离开后，Z君立马又有了新的对象H女士。无休止地吵架、打架，我甚至爬上了窗台，想要跳下去，但是Z君始终不能跟H女士分开。

我死心了，准备离婚，却发现自己怀孕了。于是，我再一次燃起了希望，也许我做不到的，孩子可以做到呢？然而，怀孕到4个月发现患了妊高征，我坚持了8个月，依然无法保住孩子。

压倒我的最后一根稻草是Z君吸毒，还又找了一个不知名的女士。H女士找到我，说Z君跟她写了借条借了钱，她还为他怀过孕打过胎。这种种的一切，我的世界崩塌了。

有一天，最好的闺蜜向我大喊："告诉你，王蓓，如果你还不离婚，咱俩就不用再见面了，你永远都不要来见我！"

看着气愤的闺蜜，我突然发现，我一点都不喜欢这样的自己，不喜欢那个为了一个人，没有尊严、毫无体面、会撸起袖子打架的自己。

大梦一场，我终于醒了。

没两天，我拽着Z君去了民政局。签完字，领了离婚证，Z君一脸震惊地看着我，说："我真没想到你这个女人居然这么狠心！"而我只是觉得，太好了，终于解脱了。

婚是离了，这场一地鸡毛的婚姻带给我的影响却在继续。收入被挥霍一空，还欠了朋友的钱；身心严重受损，患了慢性肾炎，需要长期治疗，还得常年吃降压药；工作没了，也不知道自己还能干点什么。

2016年，H女士一纸诉状把我告上法院，让我还婚姻期间Z君欠她的钱。法律毕竟是法律，按照当时的婚姻法，我还是得还钱。我的案子结束后大概半年的时间，婚姻法在欠款问题上就有了新的补充条款，这真的是帮了好多人呀。

憋着一口气的我，始终不想去还这个钱。H女士就向法院申请了强制执行，我进入了被执行人名单，不能坐飞机、不能坐高铁、动车只能坐二等座、三星级以上宾馆不能住、各种高消费都被限制，我陷入了寸步难行的境地。

践行心理咨询，在学习中自我疗愈

突然有一天，我想起了十几年前播下的一颗种子——学习心理咨询，于是，我开启了自我疗愈的旅程。

在一个朋友的引荐下，我一边跟着老师学习心理咨询实操，一边准备考证。拿到国家二级心理咨询师的证书后，为了更好地实践，我去了一个朋友开的晚托班，每晚陪 10 多个孩子写作业。

因为没有陪伴过孩子写作业，我有点无措，于是，我上当当网搜亲子教育的书，正好看到了《正面管教》。书里有一句话："错误是学习的好机会。"这句话无异于给了我当头一棒。两年多以来，我责怪自己瞎了眼，看上一个"渣男"，责怪自己谁的话都不肯听，一意孤行，甚至责怪我爸爸在我决定结婚时，一言不发……我为什么不去好好看看，从这个错误里，我能学到一些什么呢？

不久后，在心理咨询督导课上，我操作失误删掉了一位同学的模拟咨询视频，整个人呆住了。督导老师谢钢教授关注到了我情绪上的变化，温柔地问："王蓓，你还好吗？"我瞬间崩溃了，回想起小时候贪玩闯了祸挨骂的自己、摔破了膝盖只敢偷偷搞点盐水抹抹消毒的自己、不小心打破了碗害怕被骂的自己、作业写错了被罚抄 100 遍的自己……

谢老师走到我身边，轻轻环抱住了我，我在她的怀里大哭了一场。她温柔的安慰和温暖的怀抱，让我感受到面对错误，我还可以有不同的选择和更多的可能。

原来，我怕的不是错误，而是怕犯了错误后可能会遭遇的批评甚至打骂，我害怕承担犯错的结果，所以，我一遍又一遍地责怪自己，责怪自己一意孤行嫁了个"渣男"，其实是为了掩盖一个真相——我害怕也不想承担这场鸡零狗碎的婚姻带给我的诸多后遗症。

因为这次体验，也让我在陪伴孩子们写作业时开始有意识地引导他们探索从错误中去学习。一个学期下来，孩子们都有了可喜的变化，写作业比原来认真了、上课坐得住了，有些孩子在期末考试中成绩提升了。

我发现正面管教对自己有着巨大的疗愈作用，于是又去参加了正面管教家长课和讲师课。我把给孩子们的工具用在了自己身上，疗愈了自己。比如种鼓励树，这个工具是家长每天给孩子写下鼓励的话，贴在自己画的小树上。我每天自己“种”树，写下鼓励自己的话，每天发现更好的自己。

渐渐地，我不再继续给这棵鼓励树贴叶子，但是这棵树已经种到了心里。我不仅能看到自己的优点，也能够接纳自己时不时犯错……

当然，新的挑战也会来。

错误是学习的好机会

2019 年 12 月的一天，我突然接到五顿老师的邀请，他说：“王蓓老师，我要做一个演讲线上训练营了，大概 500 人参加，你有没有兴趣来做运营呢？”

天哪，知名的五顿老师来找我做运营，我接得住吗？我之前虽然干过运营但是规模都不大，500 人的训练营，我真的能行吗？要是做砸了怎么办呢？

内心各种念头飞过以后，我决定干！这么难得的机会都不抓住，那真的就是脑子坏了。能力不够，我可以学，我还有一群小伙伴。再不济，不是还有五顿老师给我兜底吗？

接下了活，我跑去上海跟五顿老师会合。到了上海才知道演讲营太火爆了，已经有 1300 人报名了。我傻眼了，但是活已经接了，硬着头皮也得往前冲呀。

不出意外的是，果然出意外了。开营当天晚上，学员们发现打卡链接进不去，几十个群里炸开了花。后来才发现是打卡小程序改了规则。那种洗碗时打碎了碗，后背发凉、全身僵硬的感觉又来了，眼看我又要掉进自责的坑里。

五顿老师说:“没事没事,你们先处理,让学员们可以进打卡链接。这件事是好事啊,我都想到可以把这件事作为一次作业。如果你遇到了开营时打卡小程序无法进入,学员有意见,你会怎么向学员们说明呢?你看,危也是机,放轻松,没事的。”

我的脑子里一下子闪过那句话:“错误是学习的好机会。”

后来,这件事很好地解决了,很多学员还向我们反馈,大大方方承认错误,还邀请大家用作业的方式来复盘的做法特别棒。面对问题,不解释、不掩饰,让大家看到了我们的诚意。

我开始感受到接纳错误的力量。

人生苦难重重,鼓起勇气面对

终于,我还是要开始面对亲密关系。2014 年年底,离婚半年后,经由他人介绍,我认识了现在的老公——老谢。但是我一直不敢再次走进婚姻,我害怕再次受伤害。

几年后,身边的朋友开始打趣我:“你怎么可以这样拖着老谢呢,你得给老谢青春损失费了。”我怂了。我开始学习《亲密关系》,决定好好挖挖自己。这一次的深挖,痛彻心扉。

我看到了深埋在心底的自卑,我认定自己不配拥有美好,所以我一直对婚姻不敢抱有美好的期待,认为自己不可能遇到一个爱我的人。遇到 Z 君时,其实我早就发现诸多细节都不对劲,但当时的我选择视而不见。我想的是,我也只配得上这样的人,大不了我花点功夫去改造他呗。结果如前文所述,我遍体鳞伤。

回头看看这段经历,起因是我当时处理不了工作中遇到的问题,于是就想着用走进婚姻来逃避工作中的痛苦,Z 君只不过是刚好走进了我的视线,没有 Z 君可能也会有 X 君 Y 君。人生中大大小小的挫折,大多都是源于我逃避当下的痛苦。

问题开始渐露端倪，我既觉得自己不配拥有美好，又觉得自己不应该经受痛苦。这时，我又看到了一本书——《少有人走的路》，它开篇的第一句话就是：“人生苦难重重。”

是啊，谁的人生不是苦难重重呢，我凭什么要认定我不应该经受痛苦？我逃避了这个痛苦，只不过是从这个痛苦走到下一个痛苦，而下一个痛苦也许更大、更难以承受。比较当年婚姻里的痛苦，我宁愿好好去面对工作中的痛苦。

既然人生苦难重重，与其逃避，不如鼓起勇气面对。于是，我列了一个面对清单，包括法院判我该还的那笔钱，还有 2019 年就报了名却一直没去的驾校学习。

当我去面对时，发现其实没有那么难，那些难好多都是自己脑子里想象出来的。当我诚实面对时，对方给我的反馈都是正向的、鼓励的，也增加了我继续面对的勇气。

我和老谢，也在 2022 年年底——相亲满 8 年的日子，结束了长跑，领了结婚证，开启了人生的新篇章。

在这段旅程中，我找到了自己很想做的事情，就是想用我这些年读书学习的经历去陪伴大家一起成长，用陪伴大家读书践行的方式，一起成长，一起感受生活的美好。因为自己淋过雨，我想给有类似经历的人们撑把伞。

结束语

“越过山丘，虽然已白了头……”

此时，李宗盛的《山丘》正在循环播放着。初闻不知曲中意，再听已是曲中人。人生就是越过一个又一个山丘，即使白了头，驼了背，我还是会选择继续前进，越过山丘。

前一次婚姻的山丘，当年觉得巨大无比，难以跨越，但是今天回头看，那可能只是我人生中的一个小小山丘而已。未来，我可能会遇到更高、更多的山丘，但我现在已经拥有了跨越的勇气，我相信自己可以跨越山丘，迎接一切的美好。

李志彦

DISC+讲师认证项目A17期毕业生

地产建筑师

房产金融导师

心理疗愈师

扫码加好友

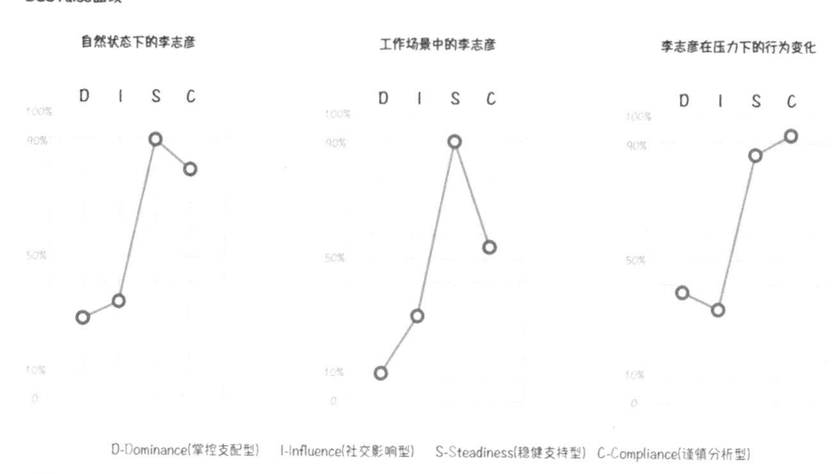

李志彦会仔细地思考和工作，关注细节、程序和数据；他珍惜和谐与合作，并且致力于创造这样的环境；天性内省克制，而且对于事实抱有一种现实和实际的尊重态度，能指挥专业技能/技巧与自己相似的人；他工作相当努力而且尽责，喜欢承担高标准的任务；他非常有耐心，会给人留下沉静友善的印象，行事善于随机应变。

斜杠青年的人生 Plan B

35 岁以上的职场人，可能是史上最惨中年人了：缺钱、缺精力、缺时间，唯独不缺的，是焦虑。

我也是其中一位。我过去是一名地产建筑师，在房地产行业干了 10 年，后来我在极度焦虑和自我怀疑的状态下，寻找 Plan B，通过自己的努力来度过 35 岁危机。

换岗不换行

我从小时候起就喜欢画画，高考选专业的时候，为了不把自己的兴趣爱好丢掉，于是选择了建筑学专业。那时候，建筑学也是响当当的热门专业，分数低点儿都进不去。

2011 年本科毕业后，我参加通过率仅 1% 的“中海地产海之子”校招计划，进入中海地产，成为让人向往的地产建筑师，负责地产项目的设计管理和技术管控。

也许，大家印象中的建筑师，或如贝聿铭、安藤忠雄、扎哈·哈迪德等大师般，洋溢着人文和理想色彩，在草图上勾勒几笔展现创意；或在工程现场指点江山，打造一个个各具特色的城市地标。但地产建筑师，需要更加接地气。对使用者，产品要满足住宅项目的购房者、商业项目的消费者等的需求；对公司，要满足项目开发计划、市场和客户定位、成本控制、财务指标、风险控制等需求。所以，地产建筑师就是要呈现出“既要、又要、还要”的产品，这也体现出建筑师的价值和能力。

凭着年轻人的活力和一腔热情，我取得了不少成果。曾在中海、万科等房企操盘过百万平方米的住宅大盘，也操盘过大型商业综合体、TOD 项目(以公共交通为导向的发展模式建设的项目)等高难度项目；在这个行业深耕的 10 年里，为超过 5 万户的家庭提供心仪的房子。这是我曾经的光辉时刻。

在房地产行业的 10 年，我经历了房地产行业的黄金时代、白银时代、黑铁时代。2022 年，我 35 岁了，行业进入了慢车道，不仅对人员进行精减，工作要求也越来越精细。当时的我，一个人干三个人的活，加班也越来越多，累到下班回家倒头就睡。我在思考，我是该坚持下去，还是要找人生 Plan B 呢？

35 岁，确实是一道坎。它是职场中的奢侈品，好看，而且要价还高，但我似乎没那么焦虑。我有在房地产行业的经验，本着“换行不换岗，换岗不换行”的保守转型法，我在行业内找到自己的 Plan B。

得益于工作之外坚持学习提升的好习惯，我加入了房地产的社群去学习，并且跟着教练落地实践。用了不到半年时间，我不但优化了自己的资产配置，还增加了一套房产。通过实践，我发现，对于大部分人而言，限制他们买房的并不是资金，也不是购房政策，而是思维。思维一变，买房未必有我们想象的那么难。

于是，我开始借助行业内的资源，帮助普通大众买房，提供资产规划、债务优化、金融服务、房产标的选择、房产交易、装修入住等全套服务。房产金融导师成为我的 Plan B。我用我的专业和经历，帮助不少伙伴买到对的房子，为他们打开一扇通往更宽广世界的大门。

“换行不换岗，换岗不换行”，这种方法可以延续原来的经验。或者说“换一个行业，但不换岗位”，尽可能保证经验的可延续性。

探索 Plan B，越早行动越好，不要觉得晚了就不出发，俗话说：“种一棵树，最好是十年前，其次，是现在。”

疗愈自己、探索天赋

除了地产建筑师和房产金融导师，心理疗愈师也是我的标签。拥有这一标签，也源于在地产公司的职场经历。

2018 年，我有机会从项目一线上升到区域平台，负责项目管控。新的岗位最大的挑战是，我常常需要当众表达。在一次产品方案评审会上，面对着众多的权威人士和领导，我紧张到脸红，说话磕磕巴巴，没有力量，严重影响了区域平台的专业性和权威性的呈现。

会后，领导找我谈话："志彦啊，你真得把演讲口才好好练一下，提升一下……"要强的我痛恨这样的自己，于是，我下定决心要解决当众说话紧张的问题。

在一家成人口才培训机构里，我第一次接触到了 DISC 测评。测评的结果是 C、S 特质高，D、I 特质低，果然跟我内向、低调、钻研技术、不爱张扬、目标感不强的特质一致。DISC，让我感觉遇见了一个朋友，一个对我很熟悉很了解，又很真诚的朋友。

DISC 理论有三个前提假设。第一个是，每个人身上都有 DISC；第二个是，DISC 不是优点，不是缺点，而是特点；第三个是，DISC 是可以调整和改变的。

"可以调整和改变"是让我们不要把自己标签化。同时我也认识到，我说话紧张的行为也可以改变。

改变是从不习惯开始的。要站在众人面前讲话不紧张，需要从不断上台开始，我不习惯；要让自己口齿更灵活，需要每天练习绕口令，我不习惯；要让听演讲的人更舒服，需要练习表情、肢体动作和语音、语调，我不习惯。

习惯了的不习惯，终究会因为坚强的内心，变成习惯。慢慢地，我习惯在台上演讲的感觉，也开始享受在台上的感觉。

后来，我进一步学习和探索，发现当众表达不好，说话紧张，只是一个表面的现象。如同冰山理论一样，我们看到的海面上的冰山只占整个冰山体量的10%左右，只有深入探索在海面之下的冰山，才能看到更真实的自我。我恍然大悟。

说话紧张，常常伴随着恐惧的情绪。在恐惧的背后，往往有一种“自己不够好”的认知。导致我们有这种认知的原因很多，比如，原生家庭的影响，失败、挫折经历的影响，等等。

我是在父母的吵架声中长大的。记忆很深的一个瞬间是——他们吵架的时候，我就一个人待在自己的房间里，很害怕，久久都不敢离开自己的卧室，即便那时候已经很尿急。这个场景我还历历在目。我在这样受到压制的环境中长大，我有一种“自己不够好”“我家不够好”的认知，于是就形成了内向性格，也不敢说话表达。我虽然长大了，但过去的影子还影响着我。

于是，我对心理学产生了浓厚的兴趣。懂是爱的前提，我疗愈了自己，不再痛恨过去内向的自己、说话紧张的自己、不敢面对权威人士的自己；我接纳了我的父母，他们也是第一次当父母，他们不知道他们这样的行为对孩子产生了不利影响。

经历了一年多的刻意学习和训练，我的当众表达有了质的飞跃，说话不紧张了，吐字清晰了，语速慢下来了，能带着微笑和肢体动作讲话了。我还尝试在讲台上作为导师授课，滔滔不绝讲课两个小时。这是两年前的我不敢想象的。

过去的我，除了当众说话和演讲能力不行，人际沟通的敏感度也差，经常达不到沟通的效果。通过学习DISC，我知道了DISC强调的就是一个人的主观能动性，强调的就是人的行为可以调整和改变。如果我们没有调整和改变的能力，遇到谁，结果都是一样的。

原来，过去的我，用的是我习惯的方式而不是对方喜欢的方式去沟通，我常常用讲道理、重数据、抠细节的方式去沟通，但对方未必喜欢。于是，我又有了调整和改变。

有一位女同事，性格比较直率和强势，大家都感觉跟她沟通有压力，对她敬而远之，但我却是少有的能与她顺畅沟通的人。不少人跟她沟通都是硬碰硬，讲道理，你一句我一句地辩论，于是火药味就出来了。在跟她沟通前，我跟她撒撒娇——对的，我是男性，但是我为了沟通效果，愿意撒娇——让她放下戒备心，然后再夸赞她，例如“这个发型完全适合你，再配上你的衣服，感觉就像明星一样”，“你的耳环款式好漂亮”，等等。通过撒娇和赞美，她的情绪特别好。于是我就能很好地跟她沟通下一步的工作了。决定沟通效果的不是自己喜欢的沟通方式，而是对方喜欢的沟通方式。

过去的我内敛、害羞、不自信，但我通过对 DISC 的探索和心理学的学习进行自我疗愈，并且成功了。因为淋过雨，所以更愿意为别人撑伞，现在我正往心理学的方向发展，打算将其作为副业。我的 S 特质高，天性友善，善于倾听，善解人意；C 特质高，有条有理，思维缜密，分析能力强。这样两个特质的天赋，能让我在心理疗愈的事业上越做越好，帮助到更多的人。

我考取了心理疗愈师、催眠疗愈师的证书，开始接咨询个案了。身边也有越来越多的人向我请教身心灵的问题。同时，我也把心理咨询和疗愈当成我帮助客户买房的特色增值服务，解决他们的在职场沟通、亲密关系、个人成长等方面的困惑，也受到了客户的好评。

当我们学会发现、培养、强化自己的天赋，并且开始自我疗愈的时候，不可思议的惊喜会随之而来。我的惊喜就是找到人生的 Plan B，走上心理疗愈师之路。

从哪里下手寻找 Plan B

Plan B 真的很重要，那么从哪里下手开始寻找 Plan B 呢？**我在此提供一些思路分享给大家，主要从 5 个问题出发：**

1. 你所在的行业还有什么机会？你所在的岗位，在其他行业里还有什么机会？用“换行不换岗，换岗不换行”来延续经验。

2. 你最喜欢的事是什么？唯有热爱，方能抵御岁月漫长。做喜欢的事情才能产生源源不断的驱动力、行动力。

3. 过去几年你最有成就感的事情是什么？在这几件事情里，其实就藏着你的热爱。

4.身边的人向你请教什么比较多？这个问题可以充分体现你对外展示的技能、才能。

5.最近几年，你自发学习最多的内容是什么？你学习的内容就是你渴望提升和掌握的，也有可能成为人生 Plan B 的方向。

以上的 5 个问题，可以帮助我们更客观地看到，适合自己的也是自己所热爱的那些事情。如果我们能够在 35 岁前更深入探索自己，趁年轻，努力奋斗和践行，为自己挣得筹码，成为优秀的少数人，提前跨越那道坎儿，35 岁后的人生不会太差。

结束语

这是我，斜杠青年李志彦的故事和感悟。

我在 35 岁的时候，探索出来我的 Plan B——房产金融导师和心理疗愈师。我的目标是成为“最懂人心的房产金融导师”。我是希望成为一个超级个体的个人创业者，正走在转型的道路上。

拥有人生的 Plan B，是一个人人向而往之的状态。我通过自己的努力探索，寻找到人生的 Plan B，你呢？

王会会

DISC+讲师认证项目A19期毕业生

讲师经纪人

个人成长教练

扫码加好友

王会会 BESTdisc 行为特征分析报告

CS 型

6级　私人压力 行为风格差异等级

DISC+社群

报告日期：2023年03月17日

测评用时：07分22秒（建议用时：8分钟）

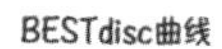

BESTdisc曲线

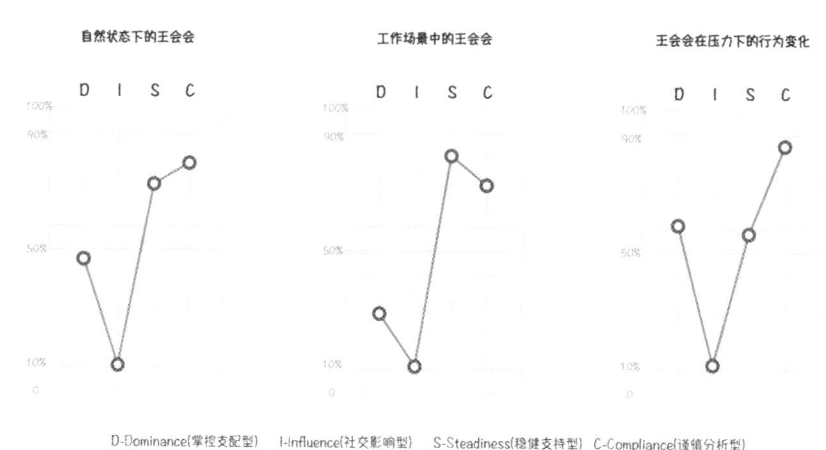

王会会是一个随和包容、处处顾及他人需要和感受的个体，她会仔细地思考和工作，关注细节、程序和数据；相对于他人，她能轻松地适应情境的要求，承担别人施加的压力；她待人处事非常得体，对于那些理解能力不如自己的人，王会会也非常有耐心；她倾向于追求完美，因此当需要独立快速地制订决策时，她可能会犹豫不决。在遇到改变时，她希望运用自己的逻辑或价值观去询问原因，以及改变可能带来的结果。

从掌控者到支持者的成长之路

俗话说："江山易改，本性难移。"要改变人性，真的比江山的变迁还要难。

我成长在一个施行打压式教育的家庭中，父母对我的看管十分严格，要求我必须成为出类拔萃的人。在我的记忆中，他们很少给我鼓励和夸奖，能回忆起的片段大都是："你必须要优秀，否则会被淘汰，会被别人看低。"

在这样的观念中，我的成绩总是名列前茅，因为我期待父母对我的夸奖。与其说是夸奖，不如说是期待父母对我这个人的认同。而我，也在成长过程中，慢慢变成了他们的样子。

直到我学习了 DISC 理论以后，我才发现，原来我是可以改变的，可以从掌控者变成支持者，从父母想要我成为的样子变成我自己想要成为的样子。

养成掌控性格的青春时代

每个孩子的成长，都离不开家庭的影响。我的掌控性格，也源于家庭。

小学二年级的一天，放学回到家，丢下书包，我就跑去同学家玩耍，想着晚饭后再做作业。没多久，母亲发现我没有完成作业，直接去同学家把我带回家，并让我跪在地上反省。

从此，我再没有做出过类似的行为，但我也失去了很多童年的欢乐。那些不愉快的回忆，也为我青春期的抑郁打下了基础。

到青春期时，我越来越厌恶父母的严格管教，认为他们只是把我当作学习工具，我们之间的亲情极为淡漠。我开始想要掌控自己。

掌控自己的第一个表现是，拒绝和不会倾听的父母沟通，并且自己做决定。从学习到交朋友，任何事情，我都不喜欢父母的过问。周末的辅导班，能逃就逃，并且用上辅导班的学费和同学一起出去逛街。

看到这里，可能你会想问，是不是要挨打了？并没有，因为即便不去辅导班，我的成绩依旧名列前茅。那时，我认为，只要成绩好，我在家里就有话语权，可以决定自己的事情。这种情况，一直延续到高中。

认识自我，做出改变的青春时代

高中时，我接触了 DISC 理论，和父母一起做了测评。

毫无意外，我们一家三口的测评结果都是高 D 特质。三个人，没有一个人会倾听，都是强输出的性格，这注定了我们之间的沟通不顺畅，我们似乎找到了家里关系不和谐的原因。

当时我对 DISC 理论了解甚少，看着结果只觉得很像自己，认为自己的性格就是掌控型的，直接、急脾气、目标感强，我觉得我不会改变。

做完 DISC 测评后，我们一家三口参加了为期半年的个人成长培训课程。培训课程由内而外帮助人发现自己的性格成因，从原生家庭影响到成长过程的选择与变化，分析得十分透彻。

完成培训课程后，我的父母先改变了。

在某一天晚饭后，母亲很认真地对父亲和我道歉，说在过去的很多年中，因为她高度的掌控欲，给我们带来了许多伤害。一周后，我也鼓起勇气，对父母很认真地说抱歉。从那时开始，我们之间的关系逐渐回温，恢复到父母和女儿该有的样子。

这是我第一次通过 DISC 理论认识自己，并且做出了改变，但我仍然是掌控者。

上大学后，远离父母，所有的事情只能自己做决定，不再需要事事报备，这也让我养成了好消息或坏消息都不告诉父母的习惯。

大学毕业后，除了主业工作，我还尝试做大学生辅导教练。开始辅导大学生，是因为在校时，学校内发生的研究生跳楼事件。这件事令我震惊，也令我感到心痛，一个同学和我同样的年纪却因为某一个阶段性目标未达到预期，而选择放弃生命。自那时起，我开始关注学生的心理健康状况，我想我的 S 特质（关注人）也是从那时培养起来的。

大学生辅导教练的工作，是完全公益性的，没有任何收入和回报，但是每当我看到学生真正地发生改变，有成长，就比拿了 100 万元年薪更加有成就感。所以，从 2016 年起，我平均每年接触学生 40 位左右，包括本科生和研究生，每年深度辅导学生 5 位。

随着辅导的深入，我发现现有的知识储备不足以给学生切实的帮助。于是，从 2017 年年底到 2018 年年中，我先后学习了设计人生和教练技术，还重点钻研了 DISC 工具。在对每位同学进行一对一辅导前，我都会请他们先完成 DISC 测评。

那一年，我深度辅导的几位同学都发生了不同的变化。最让我开心的是，他们都成长了，成长为更好的自己，有的是在人际关系上有突破，有的是在自我规划上有突破，有的是在个人认知上有突破。

那我呢？当然成长了。距离我第一次做 DISC 测评已经过去了 6 年，新的测评结果显示我由 D 型转变成了 DCS 型。这一次的成长，是因为心怀对美好生命的使命感。

在温暖中改变，从掌控者到支持者

那我是如何完全从掌控者变为支持者的呢？

2018 年年底，我的经济状况出现了不小的问题，整个人跌入谷底，我开始怀疑自己存在的意义和价值，身边的人也因为我的经济问题，开始指责、批评我。我每天活在自责和愧疚中。

这时，我认识了现在的男朋友，他的同事 Allen 学长参加了 DISC+社群的面授学习。后来，Allen 学长邀请我男朋友带着我参加一些活动，还邀请我们去做行动学习的助教。除了 Allen 学长，还有 DISC＋讲师认证项目 A7 期的 Gene 学长、高峰学长和 A Du 学长，我们是在学习教练技术时相识的。在了解我全部状况后，他们鼓励我勇敢去面对。

这几位学长都比我年长很多，他们说，只要是人，都会有低谷，都会有错误，重要的是你如何去面对和解决。我感受到一种和从前不一样的温暖与支持。

人在顺境中时，交朋友、收获鼓励与称赞，这些都是容易的，因为人的本性是向往美好，趋利避害；当进入逆境时，如果仍然有一群人愿意释放温暖，陪伴你，鼓励你，不以异样的眼光和标准待你，帮助你一步步走出低谷，这是十分宝贵的财富。

可能我和 DISC＋社群奇妙的缘分，在那时就开始慢慢积累了。

伴随他们的鼓励，我开始一点点去面对和解决问题，逐渐尝试重回职场，努力面对自己，面对社会；从对自我的完全否定，逐渐把人与事剥离开来，重新找到自我价值感。这对我来说，是很重要的一次成长，我能够做到在未来漫长的岁月中，不因失败否定自己、否定他人，敢于坦然面对和重新调整。

另外，我的处事风格也发生了翻天覆地的变化。曾经，我确定目标后，就会立马开始执行，直奔目标，不计后果也要达成目标。有了这次的失败经历后，我开始刻意练习急事缓办，谨慎分析，小心决策，逐渐锻炼自己的逻辑分析和细节掌控能力。因为我的变化，我在职场上，也越来越深得领导和工作伙伴的信任，工作越来越顺利，发展越来越好。

2023 年 3 月 18 日，我参加了 DISC＋讲师认证项目 A19 期面授，这次的 DISC 测评结果是 CS 型，我确实从一个掌控者变成了一个支持者。

改变为我带来更好的发展和关系

回顾自己近几年的经历，在工作和生活场景中，需要我做规划的地方很多，但我已没有了前几年十分强烈的掌控欲，因为我明白任何事情或人都不必一定要按照我所期待的发展。

在工作中，我仔细分析，权衡利弊，选择最适合的方案；除了关注目标和事情的解决方案外，我同样关注协作方的感受和需求，希望和我接触的人都能够感受到我对他们的关注与在意。和我接触的人是否有收获，对我来说，逐渐变得重要。这样的改变，让我不仅工作业绩上升，也在职场中收获了很多宝贵的朋友。

在生活中，家人的舒适和我个人的舒适同样重要。过往的经历，让我明白不管是人还是事，都应顺着发展方向而变化。从前，在面对家人、朋友的倾诉时，我会果断地做判断、给方案；但现在，我会认真倾听，站在对方的角度思考，会问原因，问目标，问感受，引导对方找到自己真正的内心驱动力。

我和父母发展出了朋友关系，和恋人发展出了战友关系。

掌控者的性格并没有不好，关注事情的目标，可以快速推动、目标完成。在职场和生活中，这类性格都能起到很大助力。只是对目前的我来说，我更享受作为支持者，因为我发现自己内心最有热情的部分，不是自我成就，而是成全他人。

结束语

人的每一次成长与改变，会伴随着一些痛苦，正如橄榄油往往是经过压榨和多道工序的处理，才会呈现优质。**痛苦的背后，是人的思想与经历的升华，美好的生命在压榨后才会释放出馨香之气，从而影响与之相同或相似的群体**。

我想，我的成长仍然会继续。在成为 DISC＋社群联合创始人后，我对自己有一个期待——希望自己能够给他人带去温暖和支持，就像曾经我在低谷中被温暖、被支持、被改变。

蔡建芳

DISC+认证讲师项目A17期毕业生

家庭教育指导师

演讲口才培训师

心理咨询师

扫码加好友

蔡建芳 BESTdisc 行为特征分析报告

ID 型

0级 无压力 行为风格差异等级

DISC+社群

报告日期：2023年02月04日

测评用时：09分11秒（建议用时：8分钟）

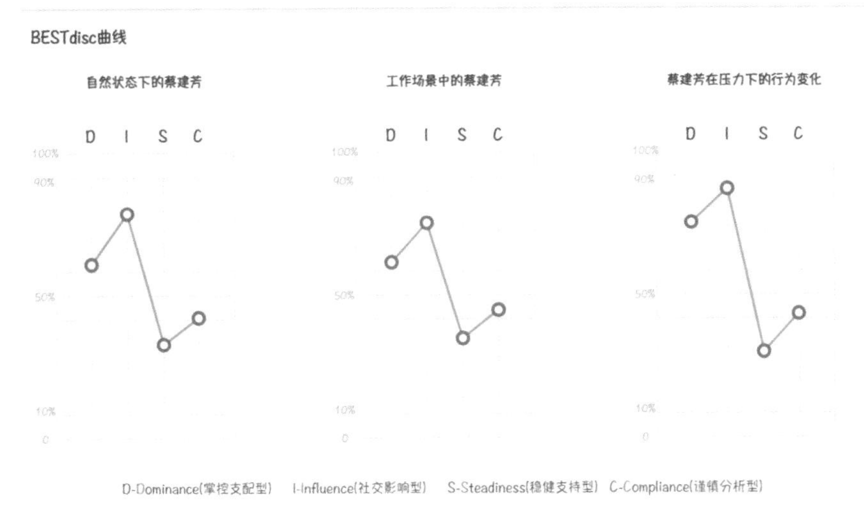

蔡建芳是一个身心合一、待人真诚的人，善于人际交往，而且非常乐观向上；多样化而富有挑战性的任务能够激励她，她能描绘出一个非常吸引人的美妙愿景或用一种核心目标来说服和影响别人；她以行动为导向，对具有挑战性的事情干劲十足，有很强的驱动力、充沛的精力，而且步调迅速；她喜欢专注于外在世界的人和活动。

点亮生命的灯塔

我的身份角色有很多，是爸爸妈妈眼中的孝顺女儿，是亲戚眼中的榜样孩子，是朋友眼中的上进青年……

最让我有价值感的是以下几个身份：家庭教育指导师、演讲口才培训师、心理咨询师。因为这几个身份帮助我找回了自己，从而让我能帮助数百位孩子找到自信与梦想！

缘起——痛而改之，觉醒的妈妈

我儿子今年19岁，正在上大学一年级。上小学时，他一直都是别人眼中的好孩子，乖巧、懂事、有礼貌，阳光帅气而且学习成绩名列前茅。大家都说，他是上天派来的天使，是来报恩的！

成长的路没有一帆风顺。像大多数的孩子一样，儿子的青春叛逆期来了。他所在的是重点学校的重点班，班上的同学都非常优秀。刚开始，成绩还跟得上，半个学期不到，我发现他的成绩越来越靠后，从20多名掉到30多名，数学甚至倒数前五名了！

我又着急又焦虑，尝试着跟他谈心，给他鼓励，帮他分析利弊，气急的时候甚至大发脾气。周末给他排满了补习班。那时，他除了吃饭，就是学习，但是成绩仍然没有一点提升。

慢慢地，我发现他没有了笑容，越来越沉默了，几乎不说话，经常用"嗯""是""没什么""就这样""别问""别烦"来敷衍我们，回到家就把房门关上，只有吃饭才出来。他还常常在深夜12点后才睡觉。

有一个周六，儿子跟我说："妈妈，我下午不去补习了，你跟老师请个假。"我一听，情绪就上来了，大声地说："你怎么说请假就请假，一对一辅导的老师专门把时间段留出来给你，怎么能浪费别人的时间呢？你肯定是因为玩手机，没有完成老师布置的作业，所以就不去了吧，天天关着房门，也不知道做些什么，以后必须打开房门做作业，必须上交手机，必须把成绩提上去！"

儿子听了，"砰"一下就把房门关上。一会儿，房内传来他的声音："你什么时候相信过我？我就不去了，你又能怎么样，又不是我要去补习的，是你们给我报的，以后我都不去了，你给我退了！"

我说："退就退，有本事你可以不用上学了，自己出去工作养活自己好了。"儿子也不甘示弱："不上就不上，以后我的事情都不用你管！"我被气得眼泪直流。

还有一次在饭桌上，我说现在不好好学习，将来就会吃苦，某叔叔的儿子一个人在外读初中，很自律，都不用大人操心，成绩还是排在年级前十名。儿子一听就生气了，重重地把碗一放，用力一拍桌子，大声吼道："什么都是你们对，什么都是别人家的孩子好，每次都是吃饭的时候就讲讲讲，不可以好好吃顿饭吗？"

"砰"，他再次把房门关上了，留下我们夫妻俩无奈地默默对视，口中的饭菜再也咽不下去了！

我问我自己，这真的是我的孩子吗？为什么我的孩子会变成这样子呢？是什么让我们的亲子关系变成这样子呢？我可以做些什么，让这种状况有所改变呢？

于是，我走上了自我成长之路。

教情绪管理课的徐豪老师说："一切语言都是催眠，我是孩子的第一任催眠师。催眠只有两种结果，要么让我的孩子变得越来越好，要么让我的孩子变得越来越糟，我只选择让我的孩子变得越来越好的催眠！"

那一刻，我泪流满面，我才意识到我给儿子的语言催眠都是负向的、怀疑的、管控的！那一刻，我才意识到：作为父母，我是"无证上岗"呀！

于是，我越来越舍得为这个"上岗证"投资学习了——幸福家积极家庭课程、简快、NLP、新励成的卓越课程系列、九型人格、DISC 授证班……

学习改变了我的情绪，改变了我的状态，改变了我的认知。我才知道培养孩子的终极目标是让他具备照顾好自己人生的能力！我才知道亲子关系远远大于亲子教育。我的眼神变得温柔了，说话变得有温度了，家里变得有爱了。

我还通过写信的方式，郑重地向孩子道歉："我和爸爸都是第一次做父母，有做得不好的地方，请你多多包涵！"孩子回复我们说："作为你们的孩子，我觉得很幸福。"

现在，上大学的他，依然说我们是最懂他的人。

转型——醒而行之，生命的意义

生命中的每一段经历都是一份礼物。儿子的成长历程也让我思考：生命的意义到底是什么呢？工作的意义是什么？又有多少父母像我一样也经历过或者经历着亲子教育的迷茫？我可以为这些生命做些什么呢？

于是，我决定从世界 500 强外企辞职，转行加入国内软实力口才类培训头部企业新励成教育，实现了从自助者到助人者的角色转换。

故事一：我的人生我做主

小文(化名)12 岁，是一个轻度抑郁的女孩子，几乎没有什么朋友，脾气暴躁。

在腾格里沙漠亲子演说科考研学营里，她不上台，不说话，也不跟大家一起吃饭，有时候甚至会大吼大叫。

进入沙漠的第一天，风很大，沙子像要钻进每个毛孔。同学们都大声地吼着："我是沙漠的勇士，我是大漠的雄鹰。"雄赳赳、气昂昂地向沙漠进军！

这个时候，小文开始变得暴躁起来，一边骂骂咧咧，一边在沙漠边缘徘徊，抱怨恶劣的天气，抱怨自己的母亲不该带她来这个鬼地方。大部队已经出发一个多小时了，无论我和她妈妈说什么，她就是不愿走向沙漠。

眼看天色慢慢暗下来了，风沙也停止了，四周一片静谧。小文的情绪更加暴躁了，她一边哭，一边打我和她的妈妈，还朝我们扔沙子。

孩子妈妈向我道歉说："实在抱歉，不管孩子参加什么夏令营，第二天都会通知我们把她接回来，因为孩子实在太难搞了。"她说自己事业很成功，就是在教育孩子方面很失败，一边说一边流泪!

我跟小文的妈妈说："我不会因为她这样就放弃她。我决定带孩子完成另外一种穿越，您相信我吗?"她点头同意了。

于是，我对小文说："孩子，既然你不想进沙漠，我们尊重你的选择。现在我们三个人只有两瓶水，没有任何食物，没有住宿的地方。现在我们有两种选择。一是，我来找车送我们进入沙漠，跟大家会合；二是，由你带我们从另一条路走，跟大部队会合，但是必须是由你带着我们走出去。你的选择是什么?"

她毫不犹豫地选择了第二个方案。她带着我们向牧民请求借宿，以及要一些吃食。第二天，小文天一亮就催促我们起床赶路。她用导航软件，带着我们一路前行，沿途还欣赏了草原和盐湖。她一路上有说有笑，再也没有抱怨过一句。

最后，我们终于赶上穿越沙漠出来的大部队。那一刻，她露出了自信的笑容。那一刻，我知道我成功了，她完成了另一种穿越，这种穿越叫"负责任"。

在结营仪式上，她终于穿上了营服，站在讲台说："我特别感谢这次训练营，特别感谢妈妈带我来体验这次不一样的旅程，特别感谢蔡老师，是她给了我选择的权利，让我懂得我的人生我做主，我的人生我负责!"

我和她的妈妈都流下了欣慰的泪水!

故事二：有梦想谁都了不起

金珠(化名)是一个高三女孩，但已经辍学一个月了。家长把她送来是希望她能通过这次的心理素质课程，重返学校，顺利参加高考。

来上课时，她几乎是不怎样说话的，没有笑容。但我发现，她非常守时，每次上课，她几乎都是第一个到达的。所以，我当着全班同学的面，微笑着对她说:“金珠真是一个非常珍惜时间的人,每次上课她都是第一个到达的,成功者都是珍惜时间的人,恭喜你拥有这个卓越的习惯！请大家把掌声送给金珠!”

估计是第一次被表扬,我看到她眼里一下子有了光!

在课程中,有一个环节是关于信念的调整,用成长性的信念改写限制性的信念。我让她用画面的方式,把过去、现在、未来连接起来,让她审视那个胆小、害怕、紧张和不自信的自己,如果继续这样下去,3 年、5 年、10 年、30 年、50 年会有怎样的结果。

当她看到这个画面的时候,她哭了,大声地说:“不,这不是我想要的人生!”

我用成长性的信念帮她重塑人生,让她看到过去不代表未来,她想象未来的自己是勇敢的、阳光的、自信的,她看到自己的梦想是成为一位教书育人的幼儿园老师。

课程结束后,她说:“这次课程改变了我的信念,让我相信我是可以做到的!”

后来,她回到学校努力学习,最后如愿考上了幼儿教育专业。我相信,未来她一定能实现自己的诺言:做一个有爱心、有温度的幼教老师!

故事三：我不要警察爸爸

小达(化名)是一个上小学四年级的男孩,他的爸爸是一名警察。

爸爸说:“这小子不好好学习,整天玩游戏,见到我就像老鼠见到猫一样,见我回家就躲房里。老师看看有什么办法可以治一治他!”

小达低着头,眼睛看着地板,身体很紧绷。我对小达的爸爸说,我先跟孩子单独聊聊。他听了我的话,就走出了咨询室。当他走出去之后,我听到孩子轻轻地松了一口气。

我说:“嗨,小帅哥,你的朋友是怎样称呼你的呀,我叫你小达可以吗?”他点点头,我继续说:“是你爸爸要你来的,还是你自己同意过来的呀?”他没有吱声。

我说:“不管是爸爸要你来还是你自己来的,我都为你的勇气点赞,因为你最终的选择还是来了。既然来都来了，那咱们就当朋友一样聊聊天，放心，我们的谈话都会保密。除非你同意，我才会跟你爸爸分享，好吗？”

营造了一个安全的场域之后，小达慢慢放松了。我让他用小人偶摆一摆他家里都有谁，在什么位置，我看到他离妈妈跟弟弟有一定的距离，爸爸离他们都很远。

我就问他这么摆意味着什么，他说：“妈妈经常忙着照顾弟弟，没有时间管我，开口就是逼着我写作业；爸爸工作很忙，经常不在家，回到家就很严肃，脾气也暴躁，总是问我今天有没有乖乖的，有没有好好写作业，有时候还会揍我。”

我问他：“当爸爸妈妈这么做的时候你有什么感受？”他撇撇嘴，要哭不哭的样子说：“我也想妈妈多花点时间照顾我，我想爸爸不要那么凶，我要的是爸爸，不是警察！”

我跟小达聊完之后，让小达的爸爸进来，验证了孩子说的话。他进来后问的第一句话是：“这小子有没有老实交代！”

很有意思的是，我让小达的爸爸也摆了一下他们的家庭人偶：他跟儿子距离很近。他说他很爱儿子，能想起来很多儿子小时候的画面，随着小儿子的到来，确实忽略了小达，以后会更多关注孩子的成长，注意方式方法、语气语调。

最后，父子俩拥抱着，非常轻松地走出了咨询室。

前行——天命所归，使命的召唤

李中莹老师说：顺着老天运作的方向设计自己的人生路，就是智慧。

在 2022 年 3 月 21 日之前，我从来没有这么清晰地看到自己的人生。这一天之后，我对自己的家庭教育使命有了更笃定的认知！

这一天是一个平常的周一，一架从昆明飞往广州的航班失事了，而我乘坐的是比出事飞机晚一个小时的同一个航空公司的航班。

当我从新闻中得知飞机出事的时候，我全身发麻，有一种劫后余生的感觉。我想:如果我的人生只剩三天,我会有什么遗憾呢？我最想做什么事情呢？

于是,我去做了一个催眠。

从画面中,我看到了自己已是满头银发的老奶奶,站在一个灯火通明的万人礼堂里,穿着漂亮而知性的套装,滔滔不绝地讲着课。我的学生、家长朋友、家人正用真诚而又渴望的目光看着我,他们非常喜欢我、尊敬我、崇拜我,他们为我鼓掌。很多的家庭因为我的分享越来越幸福,很多的孩子因为我的课程越来越自信。

李海峰老师说:人生最遗憾的不是做不到,而是本来你可以!

我想让家庭教育这个使命、这个梦想再“疯狂”50 年,让我们的孩子生活在健康阳光的家庭中,让天下没有不会教育孩子的父母!

张如敏

DISC+讲师认证项目A17期毕业生
三米教育创始人
30亩森林基地主理人
8年儿童自然课程设计师

扫码加好友

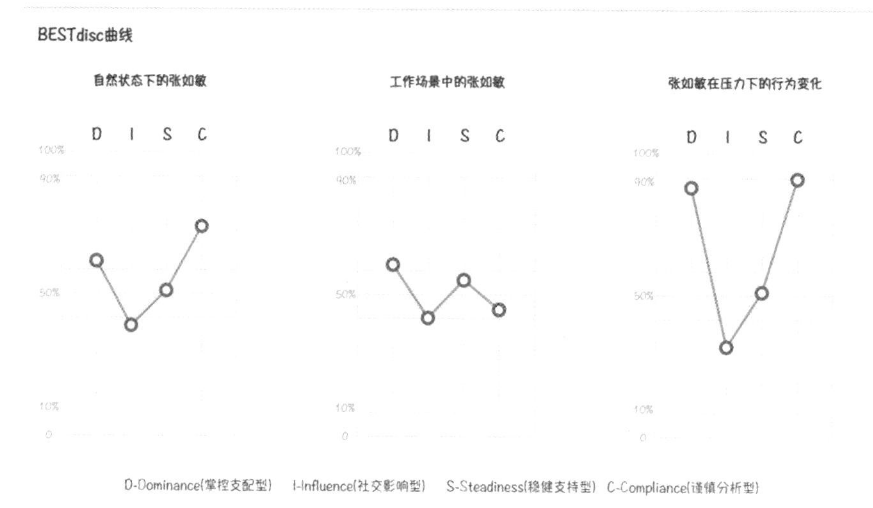

张如敏做事以身作则，渴望责任和可预见性，有驱动力；她条理清晰、逻辑分明，做事当机立断，善于制订计划和进行思考；她沉静、友好、敏感和仁慈，愿意倾听别人的想法；她喜欢花时间在工作和处理事务上，也关注计划的执行；她会根据人际情境调整，建立良好的人际关系；她非常有耐心，重视结构和秩序，注重事实和经验。

教育的意义在于看见

从小，我们就被教育要努力考上好的学校，要进大公司，坐在写字楼里当白领、当金领，要赚钱养家，超越上一代人……

这里隐藏着一条路径：学习—赚钱—幸福。**大多数人认为，有钱，就等于幸福。我们不断追求进步，但这样的进步真的能给我们带来幸福吗？**

我反思自己过去十几年的学习生涯以及这几年的工作状态，内心有很多的困惑。当成为别人期待的样子时，我并不幸福，也没什么价值感，最后我决然地“裸辞”了。

2015 年，我跨界进入儿童教育行业，踏上一条少有人走的自我成长探索之路，试图找到学习的意义，获得人生幸福的新路径。

学习与幸福

2016 年，我在 TED 上看到一个演讲，其主要内容是持续 80 余年，花费超 2000 万美元，被人们称为史上最漫长的“幸福人生”研究。

这项由哈佛大学主导的研究，始于 1938 年，如今已交到第四任主持者——罗伯特·瓦尔丁格的手中。“幸福人生”研究追踪了 724 位男性的一生，他们分为两组。第一组是 268 位哈佛本科生，第二组是 456 名来自波士顿贫困社区、智商在 95 分左右的男孩。

研究开始以后，这 724 个人不仅接受了面谈、医学检查，研究人员还访问了他们的家庭，采访了他们的父母。随后，每隔两年，研究人员会逐一与他们取得联系，不断询问其工作、家庭生活和健康状况。

随着人生进程的不断推进，这些人进入了社会的各行各业、各个阶层，有的成了工人、律师、泥瓦匠、医生，还有一位当了美国总统；也有的成了酒精依赖者，有的患上精神分裂症，有的从社会底层一路跃升……

罗伯特·瓦尔丁格在TED演讲中说："在这项漫长的研究中，我们得到最清晰的信息是，良好的人际关系能让我们更快乐和健康！"

那么，什么样的人可以赢得良好的关系，或者拥有经营良好关系的能力呢？从724个研究对象的身上，研究人员得出的最重要的一个答案是"最好要有温暖的童年"。假如一个人幼年得到过爱与温情，不仅长大后更容易交朋友、建立稳固的亲密关系，他的处事方式和应对能力，也让他更容易事业成功、得到高薪。

这启示我总结出全新的成长路径：**学习—发展良好的人际关系—幸福**。

"最好要有温暖的童年"意味着把帮助孩子建立社会情感学习放在重要的位置上。孩子从出生开始，随着与外在的人、事、物接触越来越多，会发展出越来越多的关系。让孩子习得处理与自我、与他人，以及与这个世界之间的种种关系，这是他们的人生必修课。

我在儿童教育学习中，接触到整合"以社会为本"和"以人为本"两种教育观点的**全人教育**。**它是一种以促进人的整体发展为目标的教育理念，不仅注重提高孩子的知识和智力水平，而且关注孩子的心智、情感、精神的发展**。

对全人教育进行了更加深入的了解和学习后，我相信，**教育的终极目的不是应试，而是培养"人"，培养一个眼里有光、健康且自由幸福的"人"**。

全人教育的实践——自然教育

我的C特质比较突出，也爱研究，多次出国学习与考察欧美各国前沿的教育实践，研究其教育特色，研究值得我们学习与借鉴的地方。

比如，美国的自然科学课。他们用启发式的提问教学方法，在每一个教学环节设计上体现科学素养和对孩子能力的培养：提出问题、设置情境、引导孩子进行探索，激发孩子的科学兴趣和求知欲。在教学中，他们鼓励孩子亲身观察、分析、实践，应用所学的科学原理解决实际问题；鼓励孩子大胆思考，敢于质疑，提出不同的见解，培养孩子的思辨思维和创新精神。

芬兰是一个崇尚自然养育的国度，芬兰老师不仅仅擅长教授自然和环境知识，更擅长融合多学科教学。芬兰的户外教学，让所有人都身心愉悦，学习效果事半功倍。

美式的营地教育体系，很外放，大多是重技能、重器械、重运动，崇尚“硬”体验；英德的营地教育体系，非常强调孩子的内在体验、内在感受，更注重细节、更细腻。

基于种种学习考察，我们引入美式自然科学体系和 SEL 社会情感技能学习，在英德体验式学习的基础上，与学科结合，建立了一套以全人教育为发展目标的分层的自然教育体系，关注孩子的**身体素质**、**思维能力**、**心智情感**三个方面的成长。

自然教育大体分成三个层次，一是科普知识层面，了解动物、植物的名称和作用等；二是技能层面，其内容包括户外拓展、自然的创作积累等；三是精神层面，让孩子感受自然之美，从而获得创造力、审美力、感受力等，身心得以健康发展。

在没有围墙的自然环境中，我们激发孩子好奇探究，磨砺孩子的心智，培养孩子的自然适应力和抗挫折能力。孩子在真实的户外环境中去解决问题，在集体社交中练习与他人相处沟通、处理矛盾的能力。

自然教育能够提供孩子真实丰富的学习场景，弥补中国学校教育与家庭教育的缺失。

眼里有光、心中有爱的教育

五年前，在一次冬令营的营期中，有一个八岁的孩子问我：“Judy，为什么我的房间的水龙头没有出来热水呢？我家里的一打开就有了。”我当时愣了一下，是啊，热水是怎么来的呢？打开水龙头就应该有热水了吗？在家真的太方便了。

三年前，我们走在田野边上，一个七岁的孩子突然停下来，并大声喊我："Judy，那是牛啊？我要拿笔记本画下来，这是我第一次看到牛。"说着就放下书包，准备拿出笔记本，这时后面一个孩子走上前，拍了拍那个孩子的肩膀说："朋友，我也是第一次见到牛呢！"

两年前，一个六岁的孩子在徒步的过程中，收集了很多蝉蜕带回家。有一天，他跟我说："Judy，我想要抓一只活的蝉，我不要收集蝉蜕了。"我问他，那你想怎么做呢？他说："我们平时在林中只闻其声，未见其形，它们到底在哪里呢？"他想了一会说："我知道了，我可以让爸爸开无人机上到树顶去找，找到了，我们再抓它们。"

这些故事都发生在我的三米学苑。

三米，音译自 Shiny，是一所以自然为底色，在野外开展教学、游戏，旨在促进人的全面发展的周末森林学校，为孩子、家庭和学校提供融入自然计划，授课对象为 3～14 岁的孩子。三米学苑的愿景是做眼里有光、心中有爱的教育。

参与的孩子每周末有一天到三米学苑度过(早上 9 点到下午 4 点，与上学时间相似)。在这里，孩子们学习自然、博物知识，野外生存技巧，音乐、手工、戏剧等艺术，在山野间尽情游戏；学习如何与别人合作，建立良好的长期关系，并开展与关爱自身、热爱自然、生态环保、可持续发展等相关的活动。

《林间最后的小孩》的作者理查德·洛夫曾说过一句话："我们变得越高科技，我们越需要自然。"

经过对自然教育八年的深度实践，我看到不同年龄的孩子在自然里的成长。孩子在自然中发现、探索、破坏、搭建、感受、思考，形成自己理解世界的方式，找到自己与万物关联的方式，学会自己自处的方式，习得自己与他人相处的方式。

古人总结的二十四节气很有智慧，它反映自然节律的变化，在人们日常生活中发挥着重要作用。我们怎么帮助孩子体悟二十四节气和自然之美呢？

三米学苑的方法是带孩子走进自然。孩子在自然的学习场景中，可经历不同的学习方式，获得能力的全面发展，当孩子通过自己的眼耳鼻舌身感受着大自然的丰富与精彩，在自然中付出与收获，他才会慢慢地用自己的心灵去联结大千世界的一草一木，体悟自然之美、生命之美。

自然每时每刻都是变化的、充满挑战的，遇到问题和挑战时，孩子会自发地直面和解决问题。慢慢地，孩子的适应能力、抗挫折能力、应变能力以及解决问题的能力都能得到提升。

我相信，孩子在自然中获得的幸福感是丰富且强烈的，有助于构建属于他们自己的生命底色。在自然中的经历使孩子更有创造力，使孩子将来即便遇到困难也能从容面对。

结束语

一百多年前，杜威说过这样一句话："如果我们仍然以昨天的方式教育今天的孩子，无疑就是掠夺他们的明天。"

未来应具备什么能力？未来会发生什么？到底学习什么样的知识和技能才是最重要的？面对未来的不确定性，有什么是长期不变的呢？

我认为 AI 教育与自然教育，是未来教育中的两个重要命题。

面对人工智能，人的优势是什么？一是情感，二是创造。人的创造力本来源于自然，人类文明都是从自然中发展而来的。

面对未来，跨越不确定性，没有最好的教育，海峰老师说："凡事至少有四种解决方案。"多体验、多反思总结，每个人都可以找到适合自己的成长路径。

第二章

摆脱困境，为心灵释放空间

有人说:“在整个大地上铺上地毯是不可能的，然而只要穿上鞋，我们就能免受荆棘和砂砾之苦。”我们需要找到那双鞋。

马刚

DISC+讲师认证项目A19期毕业生

麦肯特企业顾问北京分公司总经理

情境领导首席认证讲师

SDI 内驱力领导中国首席认证讲师

扫码加好友

马刚 BESTdisc 行为特征分析报告

SC 型

0级 无压力 行为风格差异等级

DISC+社群 DISC

报告日期：2023年03月17日

测评用时：18分18秒（建议用时：8分钟）

BESTdisc曲线

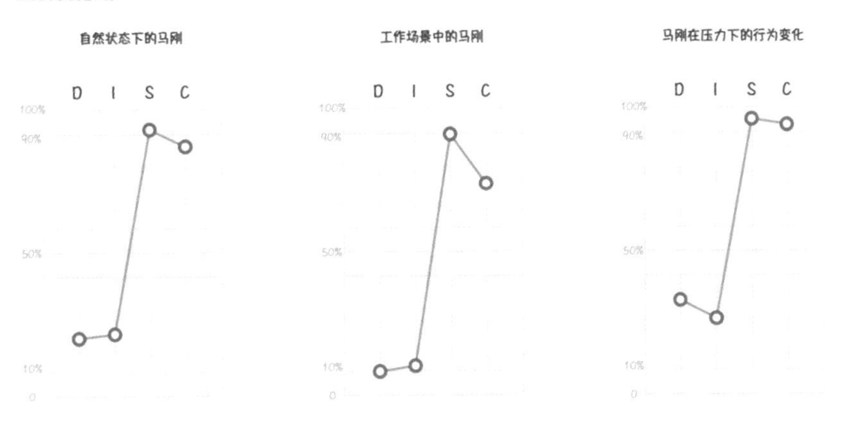

D-Dominance(掌控支配型) I-Influence(社交影响型) S-Steadiness(稳健支持型) C-Compliance(谨慎分析型)

马刚通常都是深思熟虑、行事稳重、细致周到和有耐心的，关注准确性和细节性、结构和规章制度；他的优势在于遵循指导、关注细节的同时保持标准和质量；马刚能准确界定任务和项目所需的时间和难点，他更喜欢在专业领域内工作；在做出判断和行动之前，他都会评估可能带来的后果；他尽责且忠心，会坚持不懈地完成任务。

SDI 自我认知与内驱力

因为办公室政治，他被迫辞职，又因为年纪原因，失业一年，负担不起家里两个女儿出国留学的费用，一度抑郁。

她，辞去了公务员的工作，与丈夫离了婚，想去修行。年迈的父母实在不能理解，着急上火之下，旧病复发，住进医院，她陷入深深的自责。

为什么我们对自己的评价和他人对我们的评价有差异？为什么别人就是不懂我们？还是我们不懂自己？自己的优势适合做目前的工作吗？为什么工作各方面都很好，自己却觉得不舒服？

面对人生的困境，人们或归因于内，陷入焦虑沮丧、恐惧不安的负面情绪中；或归因于外，陷入怨天尤人、抱怨指责的模式中。道理虽然易懂，但自己从固有的模式、情绪中挣脱出来，最不容易。

多年来，我致力于讲授 SDI 内驱力课程，帮助学员通过提升自我认知和意识层次，更智慧和有效地处理好工作和生活中的关系，从而身心合一地投入角色，让工作更有效能，让生活更加幸福。

探索内在的自己

关于内在，美国最具影响力的心理治疗大师维琴尼亚·萨提亚用了一个非常形象的比喻：这就像一座漂浮在水面上的巨大冰山，能够被外界看到的行为表现或应对方式，只是露在水面上的很小一部分，大约只有八分之一露出水面，另外的八分之七藏在水下。藏在水面之下更大的山体，则是长期压抑并被我们忽略的内在。揭开冰山的秘密，我们会看到生命中的渴望、期待、观点和感受，看到真正的自我。

研究冰山上的行为表现或应对方式的工具有很多，如 DISC、PDP 等等，SDI 内驱力则是研究冰山下的内在，主要研究感受和观点这两个重要的部分。

感受包括身体层面和心理层面，和人的行为紧密相关，而大部分人对感受的认知不足，忽略了它的存在。

“三观”中价值观最“浅”，离行为很近，然后是人生观，最后是世界观。**所谓“价值观”，就是一种排序，表示的是对金钱、经济、政治、道德等所持有的总的看法**。大部分人面对困境患得患失、犹豫不决，就是因为并不明确自己的“价值排序”。此时理清自己的价值观，或许是走出困境的最佳出路。

从某种意义上来看，价值观指的是做事，人生观则是指做人，是关于对某个角色的定位；世界观指的是人们对世界的总的根本看法，定义我们与外界的关系。

回想一段关系，在世界观层面，我们把对方当对手看，还是当自己人看？在人生观层面，我们在这段关系中的身份定位是什么，最好的形象是什么样子？在价值观层面，列出这段关系中自己认为有价值的事物，并将其排列；在感受层面，回想在这段关系中某个时刻自己的感受，并提取和描绘它；在行为层面，列出自己和对方的性格特点。

这样看这段关系，就是从一个高维视角俯瞰自己。这样即使在困境中，也能够很快地冷静下来，挣脱情绪的桎梏。

三种动机

了解冰山模型以后，我们需要再探索人们行为的动机。动机比目的更深入，不易觉察和说出来。比如《西游记》，师徒四人克服阻碍一路西行，这是行为，目的是到西天取得真经。那动机呢？就不好说了。唐僧是为了普度众生，孙悟空可能是为了恢复自由身，猪八戒可能是为了得到一些功德重回天上，沙僧可能是为了帮助师傅完成任务，自我修行得到解脱。大家在公司工作是行为，共同的目的是让公司盈利，而动机就各有不同了。

在动机的深处，还有一个东西叫自我价值。“人性中最深刻的原则就是希望体验到自我价值。”这个自我价值是动机之源。

从短期看，结果的决定因素是行为，但从长远来看，是人的深层动机和自我定位。所以，认知动机才能从根源上去解决问题。

关系认知理论说，这个世界有三种动机。

第一种是“蓝色动机”，它可以用“利他主义——培养”来描述。拥有这种动机的人，行为的出发点是利他，当自己做的事情能够支持别人，帮助别人，在别人身上产生好处的时候，自己最愉悦。愉悦的感受是一种信号，是自我价值获得认同的信号。譬如特蕾莎修女，能够坚持在印度做慈善工作，为消除贫困奉献一生，是因为她的行为能不断实现自己的深层动机和人生价值。

第二种是“红色动机”。它可以用“果断自信——指挥”来描述。拥有这种动机的人自我实现的途径是突出的结果和指挥。完成一般的任务不能给他们带来兴奋感，一定是别人做不成，但他们能做出来，甚至表现得比他人更卓越的时候，他们才有成就感和价值感。有的人即使在一切顺利的时候，也不喜欢去主导，情愿做一个跟随者，但红色动机强的人果断自信，更愿意主导和控制一切事宜。董明珠就是红色动机明显的人。

第三种是“绿色动机”，更加关注事情的过程，让一切事情有秩序，有逻辑。拥有这种动机的人关注事情的前后逻辑性、合理性、公平性，重视规则。比尔·盖茨的绿色动机就很明显。

总结一下，蓝色、红色、绿色三种动机分别对应关注人、关注事情的结果、关注事情的过程。任何一个人都是三色的组合，只是比例不同而已。

知道了自己的动机，对我们有什么好处呢？通俗地讲，当你找到那个点的时候，你就找到了你的人生使命，你就找到了跨越山丘的力量之源。

在电影《当幸福来敲门》中，是什么能够让主人公化解困境、爆发能量，跨越社会阶层实现逆袭？主人公最简单朴素的动机，是他不想让他的儿子每天跟他一起流浪。

动机是我们的“鞋”，穿上它就能够跨越山丘，化解困境。

自我教练

如何赋予自己突破的力量，这需要自我教练，自我教练分为三步：觉察、提醒和整合。

第一步，觉察。

每个人每天绝大多数的行动都是在舒适区中的无意识行为，做出不同的行为则需要能量，这个能量只能从意图和动机中来。

有一位电话销售，在打推销电话时有心理障碍，虽然知道电话量大会带来更多的收入，但还是能量不足。我问他，如果有了收入，怎么花。他绘声绘色地描述着要给女友买她心心念念的包，他们的感情很好，只是目前手头拮据。我建议他把那个包包的图片打印下来，摆在办公桌前，每次拨打推销电话之前就看一眼图片。动力可视化以后，他就更有动力和能量了。

我在开头提到的第一个案例是我太太的同事。因为办公室政治，他被迫辞职后，心里也憋着一团火，诸多不顺叠加后一蹶不振。我给他做 SDI 内驱力测评，结果显示他是蓝色动机。蓝色动机的人不会为自己而爆发，却会为自己爱的人而涌现出无限能量。当他把注意力放在需要他照顾的家庭时，为了他的所爱，他以 55 岁的高龄，在求职 40 余次后，终于加入杭州郊区的一家公司。虽然辛苦奔波，但收入能够供养两个女儿留学，他感觉很幸福。

第二个案例是我的堂妹，她是蓝绿（偏绿）动机，最终也在我的帮助下找到了自己的深层动机，找到了自己的价值观和人生使命。她在侍奉父母出院，取得了父母的谅解后，过上了充实、清净的修行生活。

第二步，提醒。

福格行为模型（B＝MAP），认为行为的产生需要动机（M）、能力（A）和触发器（P）同时发挥作用。动机让我们走出第一步，过程中需要有个触发器不断激发我们，提醒我们保持专注，校准目标。前文提到的包包图片就是触发器。

第三步,“整合”。

动机让我们动起来,提醒我们持续地动起来,将动起来形成习惯,就需要整合察觉:这种动起来真正给你带来的积极感受和成果,会稳定你的行为。

不断获得成就感,人才愿意坚持下来并形成习惯。譬如曾经很流行的微信计步,很多人是因为可以在朋友圈晒图或和好友竞争排名而开始动起来,但真正坚持下来,形成徒步健身习惯的原因是,运动确实给人带来了实实在在的好处,给人带来积极的感受和成果。

思想之旅到最后一站。一路下来,希望大家能够对人性有更深入的洞察,通过梳理自己的内在,让自己平静下来;然后明确地判断自己的深层动机,找到实现自我价值的路径,通过自我教练的三个步骤,积蓄突破的能量,持之以恒地行动,跨越山丘,化解人生困境。

穿上“鞋”,我们出发吧,去走遍世界!

尹建辉

DISC+讲师认证项目A17期毕业生

FCCA特许公认会计师公会资深会员

中国注册会计师

ICF认证PCC教练

烁读书会创办人

扫码加好友

教练艺术与美

病床上的她已经闭上眼睛，费力地呼吸着，听到家人的话语，眼角流出眼泪，却无法表达……

这是我永生难忘的至亲弥留之际的画面。回想起来，我对至亲的了解太少，以至于我无法感受到她当时眼角的泪是想表达什么，而这永远成了一个谜。

每当想起这个情景，想起我们在一起的日子，我没能读懂、理解她，没能更加友善体贴地对待她和帮助她，直到失去她时才发现，有那么多的未知永远都不会知道答案，我的心都要碎了！

有这样痛彻心扉的经历后，我时常会想：我们活着时的生活态度是怎样的？活着时的生命的意义和价值是什么？我们如何做才能更好地赋予生命美好的力量？如何成为更好的自己？当最后一天来临时，不因碌碌无为而后悔？

海伦·凯勒曾说："有时我在想，假如我们每天都像明天就会死去那样去生活，那也许是最好的生活态度。"她的这番话让我非常震撼。

后来，我相继学习了萨提亚模式、企业教练，成为 DISC 授权讲师，创办了烁读书会。我更加笃定我要做的有价值有意义的事情是将企业教练和烁读书会融合在一起，把自己的梦想根植在这里，帮助和影响更多人在有生之年为梦想而奋斗。

教练艺术之美

企业教练也是一门教练艺术。优秀的教练把神经科学、美学、文学、心理学、哲学等等领域融合为一体，如水一样在山川中自由徜徉，达到上善若水般的状态。

我用一个案例来带领大家一起感受教练艺术之美。

鑫是我的一位企业主朋友的公司新上任的 CEO。她执着、钻研、专注，是一位全身心投入工作的青年女性，她眼中的“爱人”就是工作。

根据鑫的特点，我给她制订了以下教练计划：第一年提升内在定力、与团队成员的融合度，增强团队凝聚力；第二年修炼与“看似强大的客户”自如交往的内在力量，拓展视野，打造独特的领导者风范，给她的核心团队输入教练式领导力；后面的教练年度，根据鑫的变化和成长再做调整和规划。

这项企业教练服务是将工作、读书、学习有机地融合在一起。同时，我还在鑫的核心团队内部开展了一对一、一对多的小组教练，从不同的维度客观真实地把握和提升 CEO 教练的品质和有效性。

每一个鲜活的个体，都是有趣的灵魂。如何通过深层次的触动让独一无二的个体呈现向上、向善、向美、向光的一面，正是教练艺术所在。

教练的心态

优秀的教练需要具备平等和掘金者的心态。平等的心态是拉近我和教练伙伴之间关系的纽带之一。

人人平等说起来很容易，但做起来真的不容易。生活在社会中，我们因为文化背景、教育背景以及信仰甚或价值观的不同，有时会不自主、无意识地产生偏见、傲慢和评判，从而影响我们的情绪或者情感。

我如何用平等之心对待教练伙伴呢？重要的是将我深信的“除去职位、

财富、学识、资历、经历，每个人内在的生命能量都是一样的”理念传递给教练伙伴。我们只是沧海一粟，极其微小，未知的世界、未有的认知我们难以想象，唯有谦卑待人、凡事充满好奇心，方可弥补自身的局限。我也坚信每个人都有向上、向善、向美、向光的追求，每个人内在都渴望被爱、被认可，渴望做有成就感和有价值感的人。如果没有这些内在的驱动力，人类得以繁衍并生存下去的能动性就会受到威胁。正如阳明先生所说："此心光明，亦复何言？"

教练的过程是一个有趣而充满智慧的过程。保持掘金者的心态，能不断深化我和教练伙伴的平等关系。

教练不能带着要改变教练伙伴的心态去说教和给建议，而是要通过有力量的提问，请他们思考、回顾，最终找到适合自己的解决方案，达成目标。只有教练伙伴自己有强烈意愿去改变时，教练过程才能成功。

作为教练，要知道自己永远只是幕后的默默耕耘者。就像提到 NBA，绝大多数人只知道公牛队的乔丹、湖人队的科比，很少有人知道带着多个团队取得 11 次总冠军的"禅师"教练菲尔·杰克逊。

我确信教练伙伴本身是掌握所有资源的"全人"，拥有无限潜能，终有一天能够闪闪发光。只需要在我的推动、引导和鼓励下，把本身掌握的资源活用起来，潜能挖掘出来，找到适合自己的方法和方案，就能自由自在地绽放光芒。

2022 年夏天，没有绘画功底的我，因在大芬村的偶遇，满足了内心深处对艺术和美的追求，摹仿完成了一幅油画作品——凡·高的《向日葵》。潜能就是这么奇妙和有魔力！

教练的呈现

教练关系的维护是离不开信任和真诚的，鼓励与赞美可以进一步帮助我们巩固教练关系。

信任并不是一朝一夕建立的，而是从一点一滴的真诚表达和真诚付出中获得的。信任是相互的，是在每天的交流中积累和发酵的。教练传导给教练伙伴的是："我相信你可以做到！"教练把信念传给教练伙伴，让他们也相信自己，从而成功完成转变。

对教练伙伴每次微小的进步，都给予及时的鼓励和由衷的赞美，是非常重要的。这就需要教练有一颗懂得和发现的心，投入热情和身心关注教练伙伴举手投足的变化。这个过程充满着幸福感和获得感。

在和鑫的教练过程中，我会认真、积极、耐心地倾听她所讲的，留意她的表情、语气和语调的变化，观察她的肢体语言。有时我也会调整会面的环境，尝试用各种方式给鑫创造展现真实自我的机会，帮助她自己用"全人"视角认识自己，了解自我。

鼓励和赞美当然也是发自内心的，是具体地、有针对性地说"我看到你现在处理这件事情时……"，而不是笼统地说："你真棒。"

有一次，面对核心团队的变动，我由衷地表达："鑫，我知道你承受着巨大的压力，我感同身受。面对这些变动，你更加稳定了，除了能够具体全面地分析，还能给自己鼓劲。这对稳定人心、稳定团队起到了非常有效的促进作用……"

每当我给予鑫这样的肯定时，鑫或露出一丝喜悦，或脸色回暖，或眼中散发出光芒。

在教练过程中，如何艺术性地使用结构式对话，是教练成功与否的关键。同时，优势导向和提出挑战性并带有张力的问题，在教练过程中也起着举足轻重的作用。教练找准时机引导教练伙伴看见自己的优势，并帮助其发挥出来，能带来意想不到的好效果。比如下面我与鑫的对话：

"你刚才说你也发现自己从一见到我就在数落自己，在讲自己的不是。那么，你在过往经验中，成功的案例是什么？"

"你在过去 5 年的工作中，老板不断给你调整岗位，你都没有怨言，都顺利接手并做出成绩，你能讲讲你是如何面对这些挑战的吗？"

我利用结构式对话，引导鑫找到自身优势后，她的能量发生了转变，两眼放光，气色转好，有了笑容。

在倾听的过程中，积极提出挑战的问题来引发思考，激发教练伙伴的大脑快速运转，也是极其重要和关键的。

比如有一次，我们的教练对话进行得差不多了，就到附近的山脚转转。当鑫提及她与某下属过往的故事时，她的语调变得高亢，双臂开始舞动。

我适时把我的观察反馈给鑫："我观察到你语调升高、声音急促、手臂上下舞动，发生了什么？"鑫说，以前见到我时，总觉得自己是CEO，不方便表达某些想法和心情。

衔接前面的对话，我继续引导："你希望和某同事形成怎样的关系？""目前你们之间的关系有哪些阻碍？""哪些资源可以帮助你达成目标？"

这样的对话，让鑫全然地向我敞开心扉，并且引发她深度地思考。

效果的达成

内心承载力是可以通过教练提升的。经过一年的教练，鑫的内心承载力螺旋式快速上升。

她对待工作和团队成员的心态发生了巨大的转变。年初，面对员工的微小变动，如有人离职或者受了工伤，她都会有强烈的代入感，认为自己作为CEO，职责没有履行到位，因而自责，情绪此起彼伏，消耗了精力和时间。

经过半年多的教练，我欣喜地发现她内在稳定性逐渐增强了。

近期，鑫的某核心团队成员提出离职，刚巧另外两个核心团队成员家庭内部出现状况。见到鑫时，我特别留意观察了她的表情、说话的语调，以及她表述的内容。虽然鑫的话语中有一丝沮丧和憔悴，但她语气平和，语调坚定，我看到和感受到她对现状全面、客观、理性的分析和对未来的期望，她自信自己能处理好这些事情。

作为教练的我，真的是深受鼓舞，这就是即将凤凰涅槃的鑫的必经之路。经历了更多的磨难，遭遇了更多的困难，才能有坚硬的铁甲保护和稳当的内在定力！

鑫的内心承载力的提升，我也从她一个非常小的举动，感受到了。一次教练对话，我们约在山附近，当时，鑫背着很沉的电脑包，我建议放到我车里，她二话不说，就把背包甩给我，自己去买水了。哇，真的是沉啊，我不禁疑惑带了几台电脑，几个本子呀？要是一年前，我看鑫拿东西多，想帮她拿一个小物件，她都会百般不好意思。她对我“不客气”的态度转变，就是成长。

内心承载力的提升，帮助鑫达到身心合一，她本人的生活和工作状态越来越好了！

结束语

2018年4月23日，世界读书日，我创办了以家庭教育为主、助力青年成长为辅的烁读书会。后来，烁读书会逐渐向烁读书院演变，其核心是“教练、艺术、美”，定位为家族传承的纽带（着重精神和文化），创业者和企业主的乐园，读书爱好者的伊甸园。

烁读书院相信“相信的力量”，倡导做“内心平和，关系和谐”的人，做“有爱、有温暖”的事。

而我则将作为家族企业传人的培育者，创业人士、中小企业主和高管们的陪伴者和掘金者，在教练的道路上不断锤炼和修行。

影响一个人，就影响了一个家庭，一个团队，就是影响整个世界！人性的光芒在烁读书院得以闪耀！

程红月

DISC+讲师认证项目A17期毕业生

职场成长教练

英语教学法硕士

扫码加好友

程红月 BESTdisc 行为特征分析报告

CS 型

0级 无压力 行为风格差异等级

DISC+社群

报告日期：2023年02月01日

测评用时：07分40秒（建议用时：8分钟）

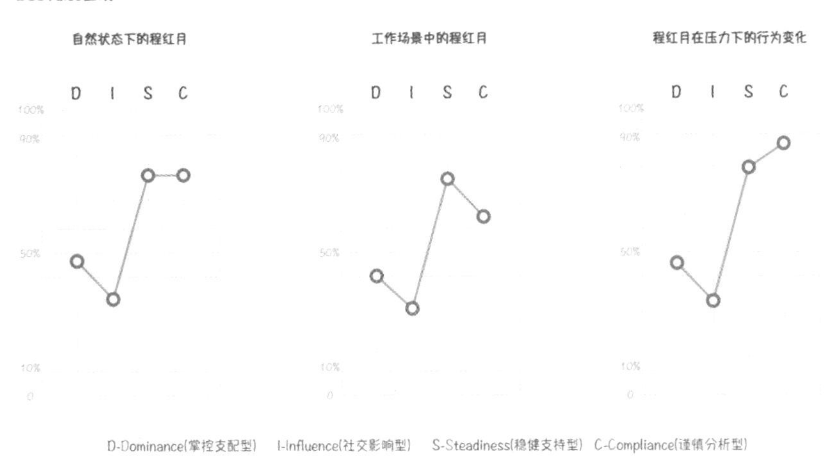

程红月天性内省克制，对事实抱有一种尊重的态度，能高效地利用技术和专业知识对工作质量产生积极影响；她珍惜和谐、善于合作，并且致力于创造和谐的环境，会努力避免冲突和敌对情境；她精确而有逻辑性、善于分析，会通过事实和数据来说服别人；她非常有耐心，给人留下沉静、友善的印象；她很擅长管理、组织工作，也能处理重复性的工作。

改变，从对话开始

对话，可以产生你想象不到的力量。它帮助我们化解困境，遇见美好。我们想要的改变，可以从一场对话开始，对话对象可以是教练，也可以是有内在觉察的自己。

“裸辞”

2022年12月底，我终于选择“裸辞”，离开工作了近20年的企业。

其实，早在2019年7月，我就在日记里写下：我要更加努力地工作，然后带着光环离职。结果，半年后，疫情来了，大家被打得措手不及，工作的重心和方式发生了很大变化。一忙起来，我便以各种各样的借口留在企业，安于现状。在此后的3年里，团队出现人员变动，处于不稳定的调整期。一直等到“搭好台”，我才做出离开的决定。

做出离职的决定，需要的是勇气。可是面对未来的生活，只有勇气远远不够。每天睁开眼睛，许多现实的问题就开始萦绕在脑海中：现在我能做什么？家里少了一份收入，生活会受到多大的影响？工作会不会不好找？

在寻找线索的时候，我想到了2021年我与一个即将离职的“95后”同事的对话。

她问：“你想在这家公司一直干到退休吗？”

我脱口而出：“不会。”

她接着问：“如果哪一天离开了公司，你会做什么？”

“大概会做教练吧。”我回答道。

那段时间，我对“教练”尚不熟悉，只在心中种下了极小的一颗种子。没想到，坐在旁边的她连连点头，还说她的 MBA 同学恰好在开发一个教练平台，做创业项目。我还记得她当时发光的眼神。

“就这样吧！既然没有清晰的方向，就先从模糊的开始吧。”我对自己说。迷茫中，我踏上了新的自我发现之旅。串起这次旅程的是一个又一个有力的发问。

你是谁？

“你是谁？”这个问题看起来很简单，却很难回答。我在一个课程里感受到了要回答“你是谁”的挑战。

2023 年 1 月 22 日，我联系了海峰老师咨询关于 DISC 授权讲师的课程，25 日我便决定参加在广州的 DISC+讲师认证项目 A17 班学习，顺利报名缴费。但我没有意识到，报名是不确定和不安的开始。

上课前，每个同学需要用个人照片和标签做海报，我迟迟未提交，因为我看到参加的同学都很优秀，不禁露怯。过了两天，在做过数次自我对话后，我请海峰老师帮助我做海报。他很快、很细心地为我做了整合。

看到海报后，我又打了退堂鼓，弱弱地问：“海报上的头像可以缩小一点吗？”

海峰老师按照我想要的效果做了调整。他很贴心地将两张海报都发给我，给了我安全的选择，告诉我：“人像小，气场弱点，但你能直面自己的感觉，很好。”

我最终选择大头像的那一版。选定头像的同时，还要想标签——需要三个可以代表“我”的标签。我不想纠结，随意选了三个算是交了“作业”。

在抵达广州后的两天学习中，惊喜不断。除了完美的课堂体验之外，留给我印象最深的是自我介绍。自我介绍的做法是，邀请每一位同学用 60 秒的时间分享自己过去最牛的事情、近来最重要的认知、未来三年的目标。

这不是一条串了过去、现在和未来的时间线嘛！但要我为自己写下一篇两百多字能高度概括的自传并当众演讲，我又焦虑了，不知道从哪里开始准备。而且，每当我有一些想法的时候，脑海里总是有一个小人出现，站在旁边否定我："这算什么呢！你看其他同学的标签一个比一个有亮点。"

轮到我了。情急之下，我这样介绍：

过去自己最牛的事情——我在职场中积极主动地获得了学习机会，并得到职业成长与发展。

初入职场时，通过公司的在线大学完成了300课时的英文课程的学习；

2010年加入行业的头部公司，2011年即被委派参加集团的领导力培训；

2012年完成康奈尔大学在线人力资源课程；

2013年被派往美国的兄弟公司接受培训，并有机会在美丽的康奈尔大学学习。

我鼓励团队成员学习，支持他们的发展。十二人的团队中，先后有五人在工作中考取了知名院校的专业硕士，两人调到总部工作。

我近来最重要的认知是对话的力量超出我的想象，这源自一个实习生分享给我的关于他的故事。

我的未来三年目标是希望能够为上海餐旅行业做一点自己的贡献。

讲完之后，我才觉察到上面那些话像自己长了腿，跑到了我的嘴边。在第二天的课程结束时，我知道是什么力量帮助了我。海峰老师在课程开场时说：请大家放下恐惧与骄傲。正是这句话让我看到过去曾有的光辉时刻，看清自己眼下最重要的觉知，并将这觉知带向未来。

"你是谁？"是一句直击灵魂深处的发问，只是它常常变身为"自我介绍"这样平实的表述，让我们放松了警惕。下一次再做自我介绍，你会如何向别人讲述独属于你的故事呢？

你想要什么？

2018年，我在工作中遇到了人际关系上的一个大挑战：我不知道该如何配合和支持本该紧密合作的主管,以至于影响了我的工作状态。

我常常向朋友抱怨和吐槽。这种负面的情绪像野草一般快速生长。有一天开会后,一位同事友善地提醒我:你要稍微调整一下微表情。原来,我的不满不知何时挂在了脸上。是不是我的主管和团队也会有感觉?我有些担心,但不知道该如何解开心结,找到出口。

直到我和朋友进行了以下对话。

"你最近经常抱怨,我想问,你到底想要表达什么?"

"我想表达我不开心。"

"如果不开心,你可以辞职。你是想要辞职吗?"

"我不想要辞职。"

"那么,你想要的是什么?"

我一时语塞,竟然一个字也讲不出来。过去几周,我沉浸在抱怨和不满中,把自己设定为受害者,从来没有认真地想过我想要的是什么,我只关注了我不想要的。

过了好几天,我才找到答案。我想要的是我和领导的关系顺畅,这样我才能够清晰地知道他的要求,也了解我的工作是否支持了他与团队。

理清正面目标之后,我的行动发生了积极的变化。我开始找方法,开始寻求各方的帮助。我得到了许多朋友和同事真诚的建议,他们耐心地指导我如何行动、如何沟通。经过努力,我与主管建立了默契与信任,这份关系我珍视至今。

我一直很庆幸,身边有一位不懂教练式对话的朋友无意间用两句话启发了我:你想要表达什么?你想要什么?

同一年年底,有一位年轻的小伙伴提出离职。他很优秀,认真靠谱,在工作中潜力很大。大家都不舍得他离开。在一次谈话中,我再次感受到对话的力量。

他告诉我,他想要离职,是因为想要一心一意地复习,准备全日制专业硕士的考试。他知道可以边工作边复习,因为前面有两位成功考取的同事作为榜样,他也知道我和同事们一定会尽力支持他。我问他想要什么,他说:“我想要一个知名院校的背书。我一定要考上!”

我没有理由否定他坚定的目标,他也最终没有拒绝同事们的好意与信赖,多留了18个月。在那段时间,他内心的笃定化为强大的动力。这个动力,让他每天早晨闻鸡起舞,抓住碎片时间学习;让他在工作中珍惜每一分钟,提高效率;让他下班回家后挑灯夜读,直至夜深人静。2019年9月,他顺利地走进那所他向往的学府,如愿开始了新的旅程。

当“你想要什么?”这个问题摆在我们的面前时,即使没有明确的答案,那个“不想要”也能够帮助我们看清楚前行的方向。

为什么它对你很重要?

2023年1月,这位小伙伴毕业,还得到了不少优秀的成绩:学习奖、贡献奖、优秀论文奖。在这些光环下,我问他:“为什么当时考取那所学校的全日制专业硕士对你那么重要?”

他说:“我想是因为自卑。”

这个答案太出乎我的意料啦!我迫不及待地想听听他的故事。

他的爸爸是一名教师,对他的期待很高。然而,从小他的成绩平平。初一的时候,他发现大概是学习方法出了问题:他能够工工整整地、用各种颜色的笔有条理地做好笔记,但考试需要应用所学知识,他却不知道该怎么调用那些笔记要点。

当时,班上一个学习优秀的同学略带嘲讽地说:“我看你这智商和能力将来是做不出来什么的。”这句话给他留下了非常深刻的印象,不是伤害,只是印象。

后来,他考取了一所大专院校。他做事认真,细心,“事事有回应,件件有着落”,喜欢与人交流。刚入校没多久,老师和同学们就认可了他的可靠。在实习双选会之前,他便提前被行业内的一家头部公司在宣讲会上“相中”了,无须面试,直接录用。

后来,他的自信慢慢地得到提升。进入实习和工作之后,他的可靠变成了同事们口中的优秀。然而，这些不是他真正想要的。

他说，是从小在学习上隐形的自卑推动着他想要借由一个被众人接受的成功来证明自己，证明自己有能力。那个被众人接受的成功，在他的同学、父母和好友眼里，是一所名牌大学。

找寻“要什么”，最终会回到“为什么”，回到对于价值感和意义感的探索。尽管价值和意义是飘在天空中的美好，听起来过于理想主义，但那是牵引我们前行和飞翔的一根线，牵引着我们走向自己内心真正想要的方向。

这样的发现与探索，随时都可以发生。

两个13岁的少年，不知道是不是因为2022年的世界杯，突然对足球运动开始很着迷。一个喜欢梅西，另一个喜欢C罗。为了练习球技，周末不管多累，两人都要抽出时间到球场踢上一两个小时。

有一次，两个人流露出对于学习球技的倦怠。于是，我找了个机会和他们聊天，问：“足球对于你们来说，为什么重要？”

其中一个说：快乐。另一个抬起头，若有所思。见他们俩不知道用什么来描述，我于是邀请他们一起说出20个关于价值观的词语，看看从中能否找到答案。过了一会儿，他们讲出了以下这些词：开心、快乐、坚强、勇敢、自由、友善、诚实、无畏、幸福、健康、友情、热爱、拼搏、全球观、宽容、助人、梦想、自信、丰富、挑战极限。

接下来，我请他们看一遍自己讲出的词语，安静地写出3个对他们各自最重要的。一个孩子写下：自由、无畏、热爱；另一个写下：自由、友情、热爱。他们不约而同地都选择了自由和热爱。

看到答案，话匣子一下子就打开了，两人纷纷争抢着说他们在梅西和C罗身上看到的是热爱，热爱的背后是不放弃的拼搏精神。这也是喜欢足球对他们的意义。

“为什么它对你很重要？”这个问题的力量在于它让你站在了聚光灯下。在聚光灯下，你更清楚地看清自己。如果此时有位教练在你身边，他一定会与你同在，带着爱与信任看着你。

就像有人讲的，我们终其一生，都在渴望被看见。

结束语

在学习的过程中，我遇到了4位教练。

我从他们与我的教练式对话中，得到了许多：有的让我更坚定方向，有的让我找到方法，有的让我看到力量，还有的通过“精通之旅”，帮我看到内心的种子慢慢长成一棵大树。这一切都来自一个又一个有力的发问。

我感恩这些遇见。愿你我通过专业教练的启发与激励，在庸常的生活中看见照耀自己的那缕光。

周礼

DISC国际双证班第55期毕业生

正念冥想/欧卡/禅修塔罗牌引导师

个人成长及组织发展领导力教练

扫码加好友

DISC+社群

报告日期：2023年04月08日

测评用时：05分01秒（建议用时：8分钟）

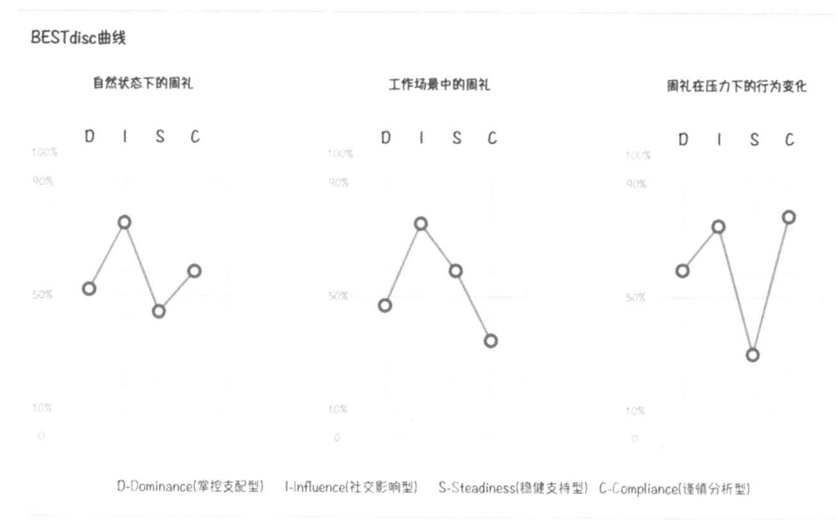

周礼具有很强的同理心，提倡协作，有团队和合作精神；天性讲求精确性，无论是对人还是对事都喜欢追求高标准，有完美主义倾向。当面对种种挑战时，他能做出有创意的回应来使别人感觉轻松，而且他传递信息的方式也比较有趣。周礼比较健谈，热情而热心，富于想象力，认为生活充满很多可能性。他会不断地求变，想开展不同的任务、寻求不同的解决方案，与不同的人打交道。遇上有挑战性的难题，他会给出复杂而全面的解决方法。

RAIN 欧卡正念情绪调节法

我们每天都需要面对很多负面情绪，比如孩子在学校里犯了错误、自己的工作出了差错或者家人生病等。要与负面情绪同在是件非常困难的事情，正确的方法是管理情绪，知道它，了解它，接纳它，用清晰、系统的方式来帮助自己消除迷茫和排解压力。

调节情绪的底层逻辑

每个人的记忆中都会存储很多情绪，当我们遇到相同的情境时，这些内在的“印痕”马上会起反应。RAIN 欧卡正念情绪调节法是结合了 RAIN 和欧卡的正念情绪调节方法。

正念是一种自我调节的方法和身心状态，强调的是有目的、有意识地觉察，将注意力集中于当下，对当下的一切观念都不作评判，只是单纯地觉察它、注意它。

正念就是不断提醒自己要觉察，培养“觉”的能力，再转化成智慧，它是“不知不觉”到“后知后觉”，最后到“先知先觉”的过程。把觉察和观照比喻成太阳，情绪比喻成冰，就是用太阳（觉察和观照）温暖和照耀着冰（情绪），慢慢使它消融。

正念强调活在当下，感知身心和环境变化对自己的影响，了解自己，接纳真实的自己，带着发现美的眼睛，活出本自具足的生命状态，与情绪和谐共处。

RAIN

RAIN 冥想疗法是由耶鲁大学医学院的贾德森・布鲁尔（Judson Brewer）

创造的，是正念减压的一个经典练习。其核心是将自己抽离出来，用一个旁观者的视角来审视自己的情绪，学会直面并接受各种各样的心情、接纳自我，拒绝过度思考与内耗，找到情绪的出口。

RAIN由四个单词首字母组成，四个单词表示四个步骤。

步骤一，Recognize（识别）。

当情绪出现时，要自我觉察、识别它，而不是无视或放任它。请注意自己在这个情景里的感觉，并问自己以下问题：

• 知道自己有哪些强烈的情绪出现，为什么会出现这样的情绪？

• 我的内在正发生着什么？做什么可以帮助我迅速地集中注意力？

步骤二，Accept（接纳）。

允许自己有情绪，不自责、不排斥、不加以评判，容许其存在。接纳是最好的方法，越是抵触，越会产生更多其他的情绪行为。问问自己以下问题：

• 回到当时的场景，允许和接纳了情绪以后，会是什么样子？

• 如果允许并如实地知悉自己的强烈情绪是客观存在的，那么会是什么样子的呢？

步骤三，Investigation（探究）。

深度探究为什么会产生这样的情绪，这个原因是否可控？如果有改变的方法自己愿不愿意去尝试？带着善意去探究自己的体验、身体、情绪和念头。带着好奇问问自己以下问题：

• 回到当时的场景，身体上有什么变化？哪个部位感到紧绷？

• 当时想要的是什么？背后的信念是什么？这个信念令身体产生什么样的感觉？随之而来的情绪是什么？

• 身体受伤或脆弱的地方，最需要什么？这些痛苦需要被接纳吗？

步骤四，Non-identity（非认同）。

意识到负面情绪是我们的客人，我们可以不被它影响，可以友好地把它送走。将负面情绪视作一种生活里随时都可能发生的日常事件，不要过分纠结，不是我们自己出了问题。

不用对情绪的痛楚进行自我认同，内心自然地敞开。在这种内心的开放中，安然、自在地觉知最真实的自己。

欧卡（OH Card）

欧卡也叫潜意识投射卡，是德国人本心理学硕士莫里兹·艾格迈尔（Moritz Egetmeyer）和墨西哥裔的艺术家伊利·拉曼（Ely Raman）共同研发的。

欧卡一共有 176 张卡，由图像卡和文字卡组成。图像卡 88 张，包含了我们生活各个层面的水彩画图案；文字卡 88 张，可以作为这些水彩画图案的背景。选择任意一张图像卡放进任意一张文字卡，就会有 7744 种不同的组合情况。

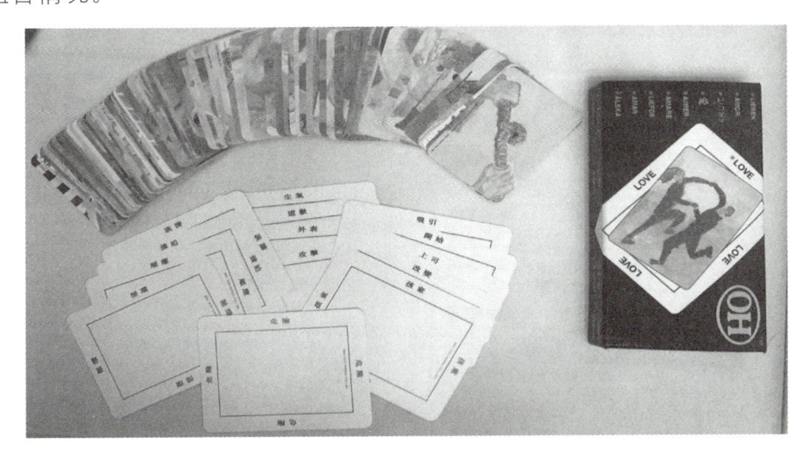

欧卡强调在不同的视角下，看见自己的盲区和更多的可能性；打破原有的思维框架，学习身心一体的健康观，看到自己问题的核心信念，找到解答；学会将消极信念转化成积极信念，获得丰盛、健康与全然的喜悦，学到内在成长的智慧。

来访者案例演示

下面我用一个真实的案例来演示这个方法如何使用。

引导师：首先，请你尝试深呼吸几次，让自己慢慢放松下来。每一次呼气的时候，都让自己更加放松一点，让自己放下所有的疲惫，放下所有的期待。现在请你来回忆一下,最近发生的一个负面情绪事件是什么?放松我们的身体,当你准备好的时候,描述一下,这是一个怎样的负面情绪事件?

来访者:2022 年 12 月 24 日有一场直播,全部工作都准备好了,连麦的对象也邀约好了,自己突然发烧,浑身没劲,也不想说话。我当时特别不舒服,不知道怎么做。

引导师:好的,现在请你去抽一张图卡,然后描述一下这张图卡的场景和自己的感受。

来访者:看到这张图卡,让我想起当时的我,那时我特别惆怅,不知道该怎么做,我在屋里走过来,走过去,内心特别焦虑。

引导师:如果这张卡跟你的负面情绪有关联,你觉得有什么关联?

来访者:这个人低着脑袋,跟我垂头丧气的时候一模一样,很有画面感啊!

引导师:当你识别出来自己有这种很强烈的负面情绪的时候,回忆一下为什么会产生这样的情绪呢?

来访者:没有按预期去做自己想做的事情,处于心身不合一的状态,内心想做,但身体不配合。

引导师:哦,看起来好像是一种很无力的感觉。现在邀请你再抽一张图卡,看看这次又看到了什么,又有哪些感受呢?

来访者：我看到一个孩子在玩滑梯，另一个孩子在荡秋千。我那时的心情就像荡秋千的孩子一样，来回晃荡，内心很想做，但身体没有力气。这张牌真的还蛮像的，荡秋千的形象，让我想到两个字，纠结。对，是纠结。

引导师：我们回到当时的场景。请你联想一下，让你先暂停下来，去接纳自己的这种纠结，当你接纳这种情境或者状态的时候，你觉得会是一个什么样的画面？

来访者：好像我就是这个孩子，不想想那么多。

引导师：好的，不想想那么多。请你再抽一张图卡，然后看看这次你又看到了什么，又有哪些感受？

来访者:有好多蚂蚁啊!我当时内心就像这图里的蚂蚁一样,不知所措,也感受到像这棵树一样的焦虑。我不知道怎么做,身体也不舒服。

引导师:身体不舒服背后的信念是什么呢?

来访者:背后的信念就是答应别人的事就得做。

引导师:我看到了你的担当、负责任。如果回到当时的那个场景,你觉得自己当时真正想要的是什么?

来访者:我当时想要的是让自己休息,因为身体特别难受。身体想休息,但内心不让休息,好像有一个人在推动我前行。

引导师:请你再抽一张图卡,抽完图卡后,你可以再一次深呼吸。当你看见这张图卡的时候,你看到了什么?内在的感受是什么?

来访者:我看到这个人就是我,我就是那个支持别人的人、发光发热的人。当我身体比较好的时候,我支持别人、照亮别人,自己的能量也会更高,就像这块红色一样热烈,很有热情。我感受到内在是充满爱和能量的,看到这张图卡,也看到了满满的能量。前面所说的纠结,只是当时的那种状态。

引导师:好的,现在请你回看这四张图卡,从第一张到第四张,来回观察一下,你有什么新的发现或者收获?

来访者:透过这四张图卡,我清晰地看到这个情绪事件背后的信念和想法。当我接纳自己,用爱意去看待自己的时候,我的发现是:只要我有能量的时候什么都可以做,不要在情绪中去做事。

引导师:特别棒,这是一个很好的发现,也是对你自己的鼓励。整个过程你的观察是什么?

来访者:更清晰地看到自己在情绪中那个来回摆动的状态,就像荡秋千一样。以后做事再遇到同样的情况,我会接纳自己。

引导师:如果给整个过程起个名字的话,你会起个什么样的名字?

来访者:爱的天使,我觉得这张图卡特别像我现在的状态。

引导师:最后,请你对整个过程,谈一谈自己的感受。

来访者:我最深的感受是,本来以为就是一个情绪事件,我在情绪事件里绕来绕去出不来,但我现在知道事件背后的信念是什么,知道以后该怎么做,特别清晰、特别明了。谢谢老师,一下子就让我看到了。

引导师:我看到在这个过程当中,你的责任感和担当,即使身体不舒服,也想把这件事情做成,特别靠谱。同时,你也的确需要关爱自己,爱自己才是第一位的。所以,你说把这个过程起名叫"爱的天使"的时候,我觉得你就是那个天使。

来访者:周礼老师灵活有创意,帮我足够地放松,信任我。他帮助我通过图卡与情绪事件的场景、情绪带来的身体感受、信念相关联,特别形象,画面感清晰,给我留下深刻的印象。在周礼老师的带领下,我用欧卡做工具,令情绪事件和人完全分开,以中正的态度,带着爱意和善念去看待情绪,感受到爱可以化解一切。

结束语

当发现自己有负面情绪的时候,都可以采用RAIN欧卡正念情绪调节法的四个步骤来控制这种冲动情绪。RAIN欧卡正念情绪调节法可以让我们诚实且直接地与自己脆弱的部分相处,放下苛责,关爱自己。此外,该方法对于控制愤怒之外的其他冲动情绪,比如渴望,也很有效。

RAIN欧卡正念情绪调节法对人们的身心发展很有帮助,同样适用于孩子,有助于他们逐渐成长为会控制情绪的人。

邹毅

DISC国际双证班第51期毕业生
大成教练 /团队教练
美国4D卓越团队领导力认证导师

扫码加好友

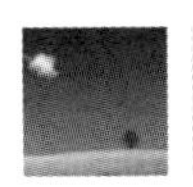

邹毅 BESTdisc 行为特征分析报告

CIS 型

4级　工作压力 行为风格差异等级

DISC+社群 DISC

报告日期：2023年04月08日

测评用时：15分25秒（建议用时：8分钟）

BESTdisc曲线

D-Dominance(掌控支配型)　I-Influence(社交影响型)　S-Steadiness(稳健支持型)　C-Compliance(谨慎分析型)

邹毅是一个条理、逻辑分明的个体，善于制订计划和进行思考；对于组织的结构和秩序，他有较高的要求，明晰的任务和可靠的团队能给他带来安全感；他慷慨大方、有同理心、热情，而且容易相处；喜欢通过完成要求精确性的任务，详细地了解一个体系或事物是如何运转的；他注重事实和经验，要求掌握所有事实、清楚所有细节，并且反复核实。

教练对话助你越过山丘

为了从培训师转型为教练，我学习过很多流派的教练技术，如大成教练、NLP 教练、焦点解决教练、赋能教练、商业教练、团队教练、五维教练等。虽然每个流派的重点和模型会有差异，但都有共同点：相信人的可能性、触发觉察和选择、关注目标和改变，也都强调自我承担并积极行动。

本文将通过拆解两个教练案例让大家了解教练如何通过对话支持教练伙伴调整状态，明晰目标，并制订计划，推动成果，越过山丘！

案例一：负债累累、压力巨大、焦虑难眠，如何用教练对话化解

一次课程结束后，一位学员再三请求想和我谈谈，他遇到了很大的困难，需要帮助，我答应了他。

我问："在接下来 30 分钟的时间里，你最希望收获的是什么？"

他急促地说："近来工作压力巨大，而且经济压力也大，负债很多。夜里睡不着觉，白天魂不守舍，不知道该怎么办。"

我问："听起来你面临很多挑战，现在你最希望解决的是什么？"

他讲了几项，通过澄清和评估，他选择了好好睡觉，说至少可以有精力去工作和想办法。

我问："你指的好好睡觉具体是……？"

他说："就是什么都不想，倒在床上就能睡着。"后来，他将"好好睡觉"明确为躺床上 10 分钟左右能自然入睡。

我问:“那现在的情况是什么?”

他说:“就是焦虑,躺在床上翻来覆去地睡不着,越睡不着,越想东想西。有时候靠吃药,有时候是快天亮了,筋疲力尽才能睡会儿。”

我问:“如果 10 分钟能自然入睡是 10 分,你对现在的睡眠情况打多少分?”

他说:“零分。”

我问:“你试过什么方法,哪些是有效的?”

他说试过听音乐、泡脚、运动,也找过心理咨询师。

我说:“你还在不断尝试,你曾经睡眠很好的时候是怎样的?”

他很有兴致地说:“以前睡眠都很好,倒下就睡,没有什么杂念。”

我说:“听上去,你原本就拥有让自己睡眠好的能力。”

他说:“是的,只要别想其他的就行。”

我问:“你说了几次,在睡觉时会想其他的事,或是有声音在干扰你?”

他说:“是的,就像脑子里面总有人说‘怎么办? 没办法…… ’然后就想到很多不好的画面……”

我问:“在这种场景里,身体还有怎样的感受?”

他用手敲着胸口说:“像一块大石头压着,一睡觉就像有块大石头砸下来。”

我把他睡觉时的画面、他的声音和身体的感受重新描述给他听,他表示睡觉时就是这样的画面和感觉,很煎熬,那些声音都躲不掉。我说:“你有没有发现,你很能和自己对话,身体的感知力和内在非常敏锐。”

他说:“就是啊,太敏锐了,负面的声音太多。”

我说:“那是过去,现在如何用好这种优势?”

我用 NLP 技巧重新为他设定画面,请他重新回到那种感觉,整合画面和声音,同时为这个画面取一个名字,他取名为“巨蟒”。我描述了其大小、颜色、空间位置,并把画面推到他可接受的距离,此时他的情绪也平和了。

我问:“‘巨蟒’这个画面和声音还有什么正面意义?”

他疑惑又释然地看了我一眼,转头对着“巨蟒”说:“也许它是在提醒我。”

我问:“提醒什么?”

他说:“可能是在提醒我注意风险和对未来的选择。”他说出这些时,表情和肩膀更松弛了。

我问:“刚才你说这段话时,内心是什么感觉?”

他说:“好像石头放下了,如释重负,也许是自己想得太多。”

我邀请他回到这个画面,用新的意义和“巨蟒”对话,通过大成教练的技巧,在想象中把“巨蟒”推远,使其变色、变小、变换形象,把调整后的“巨蟒”取名为“小飞”,用一个响指动作,作为对“小飞”的唤起动作,把之前自我批判的声音,换成新的声音——“我会更谨慎地投资,我有资源和能力”。

当再次入睡的时候,用“小飞”连接统合身体的感受、脑海中的画面、内在的声音。通过现场预演,他已经掌握了新的方法。

最后,我问他:“现在你对自己能 10 分钟自然入睡打多少分?”

他说:“有六七分了,现在也不纠结多少分钟入睡了,就觉得自己可以正常入睡了,感觉身体轻松了,没有了那些杂音。虽然还会有一些担心,但已经没那么焦虑了,看来今晚能睡个好觉。”

大成教练的创始人、认知心理学家迈可·何博士(Dr. Michael Hall)把 NLP 和认知心理学技巧用于教练中,使其非常适用于解决内在的干扰、情绪问题及身心模式改变问题。

在这个案例中,我没有针对学员的债务问题提问,而是问:“要什么?是什么?为什么?”用 SMART 问句不断澄清,清晰目标和阻碍,也让其看到自己的资源和优势,再切入具体的场景,用调整内感官的方式,帮助其改变内在的状态和信念,从而获得新的内在感受和行为模式。

教练对话之所以有效,不只是因为教练的能力和所用的模型、工具,更需要拓展教练空间。真正的改变是身份信念的改变,以及头脑画面的改变,然后才是行为和成果。

案例二：如何从混沌中理清思绪，选定目标，制订计划，推动成果

一位企业主，他和太太、孩子、企业高管的关系乱成一团麻，还有公司面临的挑战，导致他心境不宁。我们的教练过程中，我认真地看着他，并重复着他话语中的重点字词。

等他停下来后，我问："听起来你要面对很多挑战。当下，你最希望解决的是什么？"

他想了想说："都想要解决，可有时思绪会比较混乱，不能活在当下。总是在家里想着公司的事情，在办公室又坐不住，想着别的事。"

于是，我在一张白纸上画了一个圆，将其分成了八份，分别写上：事业、财富、健康、家庭、社交、娱乐、成长、自我实现。这就是平衡轮工具，我向他解释了平衡轮的来历及每个维度的含义，然后邀请他分别在八个维度上思考和打分。结果分数最低的是健康和家庭，都只有 60 分。

我问他："你在平衡轮上觉察到了什么？"

他颇有兴致地看着这张图，说："现在清晰了，知道了问题在哪里。"

我问："哪一个维度的改善，会带动其他几个维度的改善？"

他说："健康和家庭。其实公司的很多事情我都知道该怎么做，只是干扰很多，静不下心来。"

我问："你打 60 分，是什么原因？"

他说："健康方面，很少锻炼又经常喝酒，睡眠不好；家庭方面，太太抱怨我回家吃饭次数太少，和家人间的陪伴和沟通不够……"

我问："你希望这两项是多少分？"

他说："健康 90 分，家庭关系 85 分。"

我问："健康达到 90 分，家庭关系达到 85 分，对你有怎样的价值？"

他略兴奋地说："那我身体好了，精力也好，处理工作和家庭关系也会更有精力。在外面应酬也吃不了什么，喝酒还伤身。"

我接着问："健康要达到90分，你认为最重要的是哪三件事情？"

他列出了少喝酒、多锻炼、注意睡眠。

我问："这三件，目前最重要的是哪一件？"

他选了少喝酒，说："因为经常喝酒伤身，还影响第二天的状态，朋友又总约我。"

我问："你希望的少喝酒是指什么？"

他表示除了重要的大客户，其他的都可以推掉，同时喝的时候控制量。接着，他开始拟定本月少喝酒的行动目标。

我问："最近一个月有几次大客户应酬，是你需要去的？"

他确认有两次。

我问："其他的应酬，如朋友约喝酒都是可以推掉的，对吗？"

他说："是，只是时常不好拒绝。"

我问："通常是什么时候约你去喝酒？"

他说："大部分时候都是快到晚饭时，有时候是提前一两天约了，答应了又不好不去。"

我问："临时约的占百分之多少？"

他说："70%左右。"

我问："这些是可以推掉的？"

他说："其实都可以不去，只是没想就答应了。"

我问："通常是用什么方式约你？什么情况下你容易答应？"

他说了几个场景，经梳理发现，大多是下午五点多，临时打来电话约吃饭，通常他直接就答应了，事后又想其实可以不去。

我问："你觉察到了什么？"

他说："这就是我的模式。"

我说："你看到了过去的模式，电话一打来，你通常直接答应，然后也有反思，知道可以推脱，可是答应了又不好不去，去了时常喝酒，喝酒容易喝多，身体难受，还可能影响第二天的状态，你看到了这样的循环，还要继续吗？"

他说:“我要拒绝。”

我问:“那具体该如何做?比如现在就有人打电话来约你。”

后来几经尝试,他最后选定了新的应对方法,临时电话打来,他就说:“现在有事,过会儿回你!”他表示新的方法会有效减少那70%的饭局。

我问:“还有另外30%提前约好的、和重要客户的饭局,你有什么方案?”

他说:“主要是时刻提醒自己少喝一点。”

我问:“喝什么酒?量是多少?”

他说:“最好就白酒四两以内,就喝一种酒。”

我问:“你会如何提醒自己,具体会怎么做?”

我帮他澄清和测试,拟订方案,预想可能会有的阻碍,他表示方案很好,能执行。

我和他经梳理发现,其实聚会喝酒对他有很多正向的价值,或者可以理解为聚会喝酒是他减轻工作和家庭的压力,同时避免孤独感的解决方案。然后,我们一同设计了新的替代方案,计划在一周里,他主动提前约朋友、客户聚餐一次,同时控制饮酒量,并设置好提醒机制和执行策略。最后,评估该方案的可执行度是100%。

然后,我和他用同样的方式做了家庭关系维度的教练,选定了关键事项是陪太太吃饭,决定每周日中午家人聚餐,周二至周四至少一次单独约太太共进晚餐。他发现,如果做到了这几项,更能拒绝其他应酬。

最后,他再次梳理方案,坚定意愿,决心把对健康和家庭有帮助,还让自己工作时更专注的方案执行下去。

我通过聆听和肢体同步与这位教练伙伴建立亲和的关系,用平衡轮帮他创建自我觉察,并通过打分和重要事项评估,选定目标。之后,我用GROW模型指引他找到目标和现状之间的差距,并制订计划方案;用WOOP模型测试,预想障碍并设置应对行动,然后整体评估和测试。最后,他拟定了包括具体的执行日期、场景、检视标准的详细改进方案。

本案例中,企业主表面的诉求是要解决喝酒应酬,其深层目标是找到维护朋友关系、避免孤独感的替代方案。

教练需要以足够亲和的态度，像镜子一样映照出正确的思维和行为模式。

结束语

当遇事不顺、状态不佳时，有的人容易陷入自我的盲点和自我评判中，而忽略了自身的优势和资源。教练可支持其觉察真实，并看到自身的资源、渴望和信念，找到具体实现的场景，制订计划，排除干扰，推动下一步行动。

在王家卫导演的电影《东邪西毒》中，九指刀客问欧阳锋，沙漠的那边是什么？欧阳锋说，是另一片沙漠。九指刀客说，我想过去看看。然后他带着老婆、牵着骆驼闯了过去。多年之后，他成了名震江湖的北丐洪七公。

其实，真正需要越过的山丘，是内心的干扰。放下恐惧和骄傲，有闯过去的雄心，就能发掘可能性。如电影中的北丐，谁说闯荡江湖不能带老婆？谁说下一个沙漠就和这个一样呢？同样，在人生路上遇到困境、阻碍，陷入迷茫时，也正是在跨越山丘。先越过内心的山丘，再越过眼前的山丘，去成就自己的英雄之旅吧！

程皓

DISC+讲师认证项目A18期毕业生

通信行业资深顾问

BESTdisc咨询顾问

企业微信私域增长师

扫码加好友

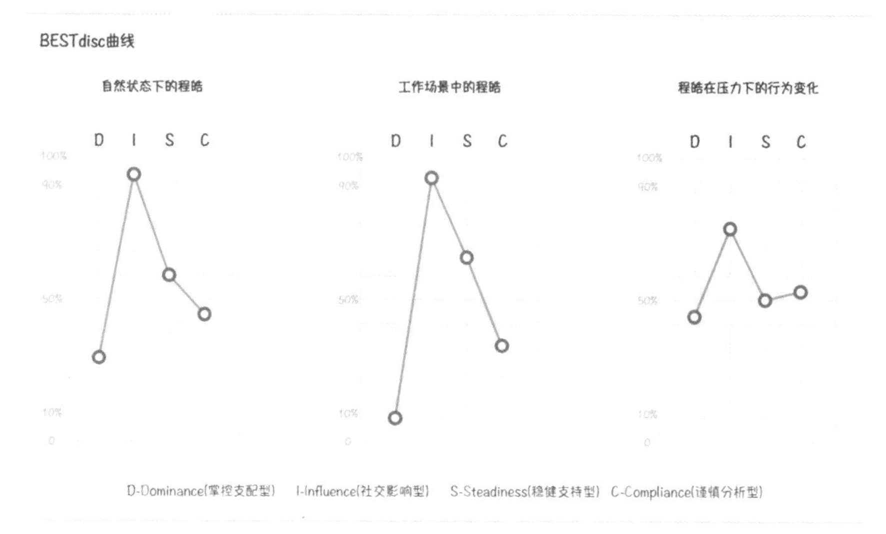

程皓热爱交际，而且能用一个非常吸引人的美妙愿景或一个核心目标感来说服和影响别人；他能够读懂各种群体，知道如何去影响他们；他专注于外在世界的人和活动，从跟别人的互动中获得动力；他乐观、热情，而且容易相处，愿意为了别人而忍耐；只要是他认定的有意义的事，他就会贯彻始终。

对不起，团队不要“老好人”

我们身边有不少老好人，他们主动、热情，愿意帮助身边的每一个人，常常把别人的事情看得比自己还要重要，这种情况是典型的“取悦症”。

如何辨别自己和同事是否有“取悦症”

社会学和临床医学博士哈丽雅特·布莱克（Harriet Braiker）在她的专著《取悦症：不懂拒绝的老好人》中写道：“取悦症”，又叫“好人综合症”，是一种类似于“拖延症”“强迫症”的心理疾患。

患者会尽力让除了自己之外的每个人都满意，对别人有求必应，甚至会牺牲自己的健康和快乐来取悦别人，但与人为善的结果很可能是被人利用。

职场中的“取悦症”一般分为以下三种类型。

认知型：职场道德绑架

《取悦症：不懂拒绝的老好人》中写道：如果你的某种个性品质是在早年形成的，并且已经成为自我概念的核心要素，那么这个标签就会对你一生的思想、情感和行为产生强烈影响。

大熊从小就有个标签“邻居家的好孩子”，长大后成功升级成为“老好人”。身边的同事知道大熊是“老好人”后，刚开始还只是让大熊帮忙拿拿快递、叫叫外卖，到后来甚至把本职工作也一并交给大熊，自己却躲在一边大大方方玩游戏。

大熊却从来不会拒绝，反而怕自己没有做好，惹同事不高兴。

习惯型：上瘾

斯坦福大学商学院教授瑞安·胡佛(Ryan Hoover)在《上瘾》中写道：如果说习惯是让人不由自主地去做某件事，那么上瘾就是它的升级版，让你沉迷其中并且无法控制自己。

大胖是公司的老员工，和他一起进入公司的同事，现在有的担任部门主管，有的担任分局长，唯独他是个例外，还是名普普通通的基层员工。

造成大胖始终无法升职的原因就一点：凡事先请示。

当然，在职场中，向领导征询意见是应该的，但事无巨细地请示，显然有些过了。细到什么程度？大胖管辖 5 个营业厅，今天先去哪个营业厅走访，他都得先请示，自己毫无主见。甚至有次在餐厅碰见女朋友，他也得先发个微信请示女朋友自己能不能过去打个招呼。

这种行为就是典型的上瘾，大胖相信自己的取悦行为能帮自己避免他人的反对。如果团队里成员一味只听从领导指示和安排，没有主动创新的意识，个人和团队只会止步不前。

情感逃避型：先发制人

美国临床心理学家阿尔伯特·艾利斯(Albert Ellis)说：我们常常自然而然地对挫败我们的人和事反应过度……强烈的感觉是好事，反应过激却会把我们搞得一团糟。

情感逃避型的“取悦症”患者，相信取悦能保护自己免受愤怒和冲突的威胁。但是实际上，取悦会起到相反的作用。你总想当好人，这未必会让别人高兴，反而可能会令你在无意识中让最亲近的那些人感到沮丧，最终激起他们的愤怒。

职场中如何避免“取悦症”

小王昨天面试主管一职被刷下来，他不服气地找领导理论。

他说：“在部门里，我是公认的‘热心好大哥’，主动帮大家分担工作，大家都喜欢我。我每天晚上都是 11 点才离开公司。论努力、论同事支持，这次主管都应该是我。”

领导说：“正因为你帮办公室的人做了太多工作，导致团队一盘散沙，一个个只顾偷懒、不思进取，我需要带领团队进步的主管，而不是一个保姆。”

对于个人而言，一直当老好人根本不是正常人能够承受的，也是不恰当的；对于公司而言，职场看重的是效率和个人价值，并非人缘好就能上位。职场不需要耗费过多热情维系同事感情，更不需要做人人爱的老好人，只需要在本职工作中做出贡献的员工。

如果办公室“取悦症”患者过多，导致团队闲的闲死，忙的忙死，业务也没办法正常推进了。公司想要发展，还得需要团队齐心协力。

在职场中，如何避免“取悦症”呢？

“取悦症”，简单来说就是无法拒绝对方。因为环境和成长因素，我们或多或少地都有“取悦症”，但这并不代表“取悦症”没办法改变，使用 3 个小技巧即可轻松治好“取悦症”。

技巧一：“破唱片”技巧——重复的力量。

什么是“破唱片”？我们知道，一张完好的唱片，音质清晰，不会卡顿，但是唱片破损后，会一直重复一个字或者一句话。

“破唱片”技巧出自美国知名的沟通学咨询专家艾伦·加纳（Alan Garner）。作者在一本书中写道：“如果能被鼓励，自由且充分地表达自己的感情，别人跟你在一起时就会觉得平静放松且理解。”

同事陈刚是公司出名的借钱不还的人，前天他终于还是找到了小李，向小李借钱。

面对陈刚，小李直接回复道：“我最近手头有点紧，所以我没钱借给你。”（明确拒绝。）

陈刚说：“最近家里人生病了，我存的钱都花医院了，实在没办法。”

小李立马回答道：“我知道你现在挺难的，但是我现在手头真的紧张，所以没钱借你。”（表示认可，继续拒绝）

陈刚继续纠缠：“昨天才发了工资，我知道你家里也不差这点钱，我保证月底发工资就还你。”

接下来，不管陈刚怎么说，小李都表示认可，然后拒绝。

重要的事情说三遍，明确拒绝同样也是，当别人一再向你提要求的时候，千万不要接话，你一旦接话，就会陷入对方的思维，所以只需要一直重复你的拒绝即可。

技巧二："三明治"技巧——让人舒服地被拒绝。

《取悦症：不懂拒绝的老好人》中提出"三明治"技巧：就像我们都吃过的三明治，上下是柔软香喷喷的两片面包，中间是肉饼。

拒绝别人时，为了让对方能更好地接受，我们可以在拒绝前，先认可对方的某些方面。明确拒绝后，给予希望和鼓励，使对方保持信心和愉悦的心情，不至于产生被打击的挫折感。

为了方便理解，我们可以参考下面的模型。

下层面包片：表达认同。（去掉对方的防卫心理）

中间肉饼层：明确拒绝。（真实想法）

上层面包片：鼓励期待。（给对方面子）

职场中经常会遇到同事请求协助，如果我们确实不想接受，就可以使用"三明治技巧"。

下层面包片：小东你能把这份工作交给我，很感谢你的信任。（表示认同）

中间肉饼层：可我昨天已经答应女朋友今晚陪她，电影票、餐厅都订好了。（明确拒绝）

上层面包片：这样吧，我这里有完结的项目，和你的需求差不多，我现在发给你参考，你学东西快，我相信你今天晚上就能搞定。（鼓励期待）

你看，这样说话，是不是既让对方听起来容易接受，我们拒绝起来也不是太为难。

技巧三："VAR"技巧——让拒绝温柔又坚定。

《怎样学会拒绝》一书中写道：接受要远比拒绝更为容易，但仅仅因为一时心软、胆怯或者面子问题等就有求必应，则会导致无穷的后患。因为你可能力不从心，也可能无法承担后果，最后害人害己。

使用“VAR”技巧(VAR是Validate、Assert、Reinforce三个单词首字母的简称),可以帮助你有效地表明自己的感受,也可以为你设置边界,拒绝他人。

验证(Validate):证实/确认/承认对方的处境。在我们无法拒绝对方的时候,可以站在对方的角度去想象,去证实、体验并承认即将施加于别人身上的不适感。

同事匡晨让小马帮忙加班,小马回复道:“我知道你今天晚上有很重要的事情,我也很愿意帮你加班……但是,我中午已经答应女朋友一起去看电影,餐厅和电影票都订好了,不能退了。”

话术技巧:先表明“我知道你想……”或者说“我能感受到你……”,然后立马转折接“但是……”。

坚定(Assert):表达拒绝时,坚决说“不”。直接说“不”肯定很难,因为你知道拒绝后,对方肯定会很失望、难过,但直接明了的拒绝,好过让他人焦急地等待和继续充满希望。

匡晨面对小马请自己帮助加班的请求,没有立即拒绝,而是说等会儿回复。直到下班前,匡晨才回复小马:“今天晚上有特别的事情,不能帮你值班了。”小马立马对匡晨破口大骂:“你现在让我去哪里找人!”匡晨如果一开始就明确拒绝,小马就有充足时间,另做打算。

话术技巧:直接表明“对不起,我现在不能答应你这件事,因为我要……”。

强化(Reinforce):强化对方对你的理解,给出承诺。拒绝对方前,一定要清晰明确告诉对方,你在为对方考虑。当说“不”时,可以说自己拒绝对方,反而是为对方好。

匡晨面对小马请自己帮助加班的请求,当场拒绝小马后说道:“这个项目一直由你全程负责,我不太熟悉。如果出了差错,领导肯定会追究你的责任,那我多不好意思。”

小马仔细想了想,确实是这个道理,道了声“谢谢”,然后便离开了。

话术技巧:表达拒绝后,接着说“我不能帮你,因为……”。

结束语

拒绝别人是需要不断练习的。从说“不”开始，渐渐地，拒绝这件事也没有想象中那么难。

从现在开始，照顾好自己，有选择性地响应别人的需求和求助，不要做职场“老好人”，不要讨好他人，关注自己内心真实想法，做真实的自己。

贾琳洁(Aileen)

DISC+讲师认证项目A17期毕业生

中层领导力专家

资深人才甄选师

高级人才测评顾问

扫码加好友

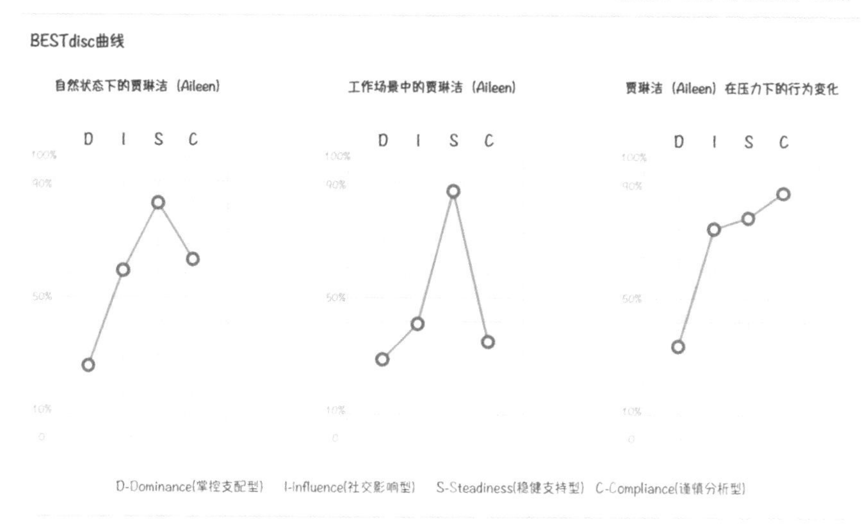

贾琳洁友善包容、谦恭谨慎、温和亲切，相当有感染力，喜欢主动与别人交往；她喜欢努力工作，以做事有秩序、有条理为乐；做事有始有终，会坚持完成手中的任务；她灵敏而有远见，有相当强的洞察力，有团队和合作精神，对所负责的工作表现出高度的责任心和忠诚度；作为一个力求完美的人，她会在兼顾达成目标的同时追求正确性，能客观冷静地运用逻辑分析能力，条理清晰地制订决策。

用人之道的三项修炼

管理者的工作绩效通常由自己、下属以及外在环境决定。如果不谈客观的环境因素，显而易见，下属的表现起着关键作用。

管理者和下属最好的关系就是彼此成就，然而，管理者又常常不得不面对与下属有关的许多棘手的问题：

核心骨干突然辞职，怎么挽留？

新人的表现总是不尽如人意，难道是招错了人？

下属事无巨细都依赖我，他们何时才能独当一面？

新生代下属一言不合就撂挑子，该哄还是该罚？

这些问题总会反反复复出现。如果管理者每天都要去处理这些问题，那必定劳心劳力，成为救火队员，不光身体疲惫，还会耗费大量的时间和精力，从而忽略了本该优先处理、对业务结果有更大影响的工作。

为了摆脱救火状态，管理者需要一套未雨绸缪的用人之道：选对人、教会人、激励人。这三项修炼可以更好地帮助管理者解决在用人、带团队上的问题，做到思路清晰、临阵不乱。

选对人

想要用对人，前提是选对人。

选错了一个人，付出的成本不仅仅是工资；而选对人，尤其是选对团队中的核心人员，将给团队配备优秀的人才，形成巨大的团队潜力。

半年前，我的一位朋友很兴奋地告诉我，他招了近一年的采购经理终于到位了。可是没开心太久，他又万般无奈地抱怨，新人来了以后，没法跟同事沟通，常常不欢而散，双方都倍感煎熬，最终新人选择了离职。小半年过去了，我再问，这个岗还是空着。

前后一年半，招聘费用、岗位因空缺而影响的效益、培训的时间成本、内部为了弥补岗位空缺而采取折中补位的隐性成本，以及影响的团队士气，林林总总，代价惊人。

用科学的面试技巧，尽快物色出合适的人选，是管理者重要的工作之一。使用以下四个技巧，从根源上解决选人困难的问题。

技巧一：以终为始，选真正需要的人。

看人之前先明确标准，要用同一把尺子去量不同的应聘者，而不是根据应聘者的不同表现来随便切换尺子。

这把尺子是 3W1H 法。用三个 W（Why、What、Who）构建岗位职责，用一个 How 画出人才画像。

第一步（Why）：这个岗位设置的目的是什么？有哪些关键产出？使用哪些指标来衡量这个岗位的绩效？

第二步（What）：为了达到上述目标，需要做哪些关键任务？各项任务的权重如何？

第三步（Who）：在实施这些任务的过程中，需要跟哪些关键人员打交道？频率如何？

第四步（How）：需要具备什么知识、经验、能力，才能高效完成上述关键任务、与关键人员打好交道、达成甚至超越绩效指标？

技巧二：主动出击，重视吸引的力量。

应聘者在加入公司之前，都在围城之外，有期盼，也有担心。

他们最关心的主要是以下五项内容：适合、发展、家庭、上级、报酬。如果能找到对方最关心的内容，再用相应的方法去影响他们，就能带来吸引力。

适合：这份工作适合我做吗？企业文化、团队氛围适合我吗？

对策：介绍这份工作的关键内容、价值，团队的氛围，企业的价值观，用亲身经历的小故事去影响应聘者。

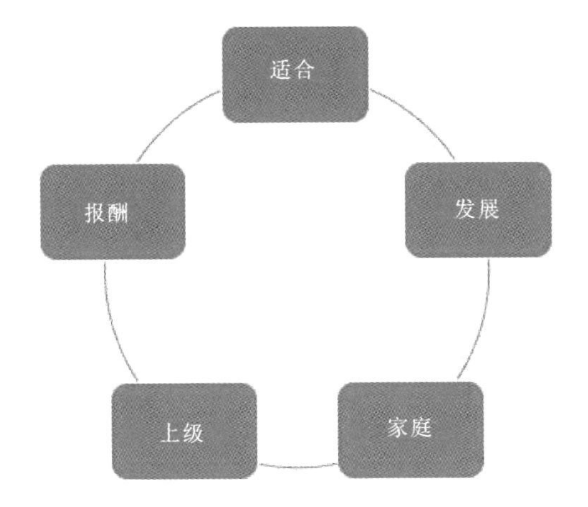

发展:这份工作的发展空间大吗？我能得到怎样的职位晋升机会？几年后我的市场竞争力将如何？

对策:提供应聘者合适的且有吸引力的职位,让其产生加入时就会被器重的感觉,并介绍横向、纵向多种职业发展路径。

家庭:这份工作需要切换城市,与家庭异地是否值得？出差、加班多吗？如何平衡生活？

对策:提供灵活的工作方式、丰厚的福利,如弹性工作、居家办公、探亲假期和补贴等。

上级:我和上级能合得来吗？上级水平如何,能否带着我成长？

对策:展现对人才的包容、爱惜、授权,以及自身的专业素养。比如认真准备这场面试,问出结构化且引发应聘者思考的问题,或者针对某个专业问题和应聘者探讨,在尊重、认可他的同时,输出自己有深度的见解。

报酬:这份工作的薪酬与我上一份工作持平,值得换吗？未来薪酬的增长空间如何？

对策:和应聘者分析达到何种水平将能获得何种薪酬,并全面分析薪酬福利的优势。

技巧三:善用行为面试法,预测应聘者未来的工作表现。

面试时,一般会请应聘者做一个自我介绍,介绍自己优缺点和为什么觉得自己能胜任这份工作。

从甄选手段的科学性上来说，上述问题的信效度会比较低，对于判断应聘者未来的工作表现的准确度不高。

可使用行为面试法，通过应聘者过去的行为模式来预测其未来的工作表现。

能力素质	普通提问	行为面试法提问
沟通能力	你的同事如何评价你的沟通能力？	请举一个你在推进某项任务时需要协调其他同事配合你的例子，你是如何进行沟通的？
压力管理	工作中遇到压力时，你通常会怎么处理？	当你需要同时处理几个重要且紧急的任务时，你是怎样做的？请举例说明。

技巧四：善用人才测评，提高综合信效度。

面试只能看到应聘者的显性特质，很难看清内在特质，而 DISC 工具可以帮助管理者更全面地识别一个人的内在素质。

DISC 行为风格测评，在全球范围内被广泛应用于人才的甄选、配置与发展中。将测评结果与面试表现结合起来去做判断，能提升各招聘环节的综合信效度，从而提高选对人的概率。

有了以上四件法宝，就得到一个选对人的必备公式：

选对人＝合适的标准×主动且有针对性的吸引×行为面试法×人才测评

教会人

在一个团队里，成员们的背景、履历、经验、能力各有不同，对一项工作任务的执行情况一定会有差异，两个工作经验差不多的员工在不同情境下的发挥也会不同。显而易见，管理者需要因材施教。

组织行为学家保罗·赫塞(Paul Hersey)和管理学家肯尼思·布兰查德(Kenneth Blanchard)，在20世纪60年代提出了情境领导理论。该理论认为领导者的行为要与下属的准备度相适应，才能取得有效的领导效果。简而言之，领导风格是由员工的准备度，也就是成熟度决定的。

一个人在工作中的表现，通常受两种元素的影响——能力和意愿。能力，代表是否具备做好这项工作的知识、经验、能力；意愿，代表个人是否有足够的动力也就是积极性，去应对这项工作。二者缺一不可，互相促进。

能力和意愿在不同水平之下，也就组合成四个象限：

象限一，能力低，意愿低或不安。

象限二，能力有一些，有意愿或自信。

象限三，有能力，意愿低或不安。

象限四，有能力，有意愿且自信。

象限一，能力低，意愿低或不安。

这种情况通常会出现在新人身上，比如应届毕业生或者刚刚调任新岗位的员工。他们对工作的新鲜感较强，但是能力还没有达到这个新的岗位的要求，所以也不太自信。

管理者需要使用告知式领导风格，即你说他做。在布置工作任务时，管理者将任务的提交时限、执行方式、成果要求等一一和下属详细说明，并且主动确认他们对任务的理解程度，鼓励他们对不理解的地方进行提问。

提交成果时，管理者切忌说："行，你回去吧，我帮你修改。"这样的话不但对下属本身的提升不利，也把本该他们承担的责任揽在了自己身上。

正确的做法是手把手地带着他们修改，指导过后，要求他们负责修改，完成后再次提交。如果仍有不足，如此反复几轮。

象限二，能力有一些，有意愿或自信。

这种情况通常会出现在老员工身上。他们逐渐能够开展一些常规的事务，虽然整体上能力还不足，但比较有意愿，自信心也变强了。处于这个象限的员工能力还有不足，仍然需要持续的指导。

管理者需要使用推销式领导风格，向他们解释决策的原因、任务的背景及目的，并且主动给予员工提问的机会，让员工从心理上完全接受任务；并且让他们看到自己在这份工作上还有哪些不足，以及自己还有多大的提升空间，使其感受到持续地投入是有价值、有回报的。

象限三，有能力，意愿低或不安。

这种情况的员工对工作已经游刃有余了，不光能够独立处理常规工作，也能承担优化、组织协调等任务。但也许因为发展的困惑或者职业倦怠，他们容易出现动力不足、怨言增多、遇到新任务开始往外推等问题。

这时管理者需要使用参与式领导风格。在工作的决策和问题的解决上，不妨多邀请他们参与。一方面，培养他们做决策的能力；另一方面，邀请也意味着对他们的认可。

象限四，有能力，有意愿且自信。

这种情况的员工被配置在一个非常适合他的岗位上，并且其他的客观因素也能够提升他对这份工作的意愿。他不仅能发挥自己的能力，还能提升自己的价值。

这类员工是后备梯队上的关键人才，建议管理者对他们多使用授权式领导风格，不再是明显的自上而下的指导，而是共同探讨工作目标，授予他们足够的权力。不主动干预具体的执行手段和方式，只要适时跟进进度，给他们所需的支持。做到风筝线在手，任风筝在空中飞翔。

激励人

员工交付任务的水准在很大程度上受到其自身状态的影响。员工在不同的发展阶段也会呈现不同的状态，即使同一个员工也可能因为不同的情景、不同的任务而出现状态波动不平。所以，掌握调整下属状态的钥匙就格外重要。

不管是对新任务畏难、做事拖延，还是回避跨部门沟通的下属，各种反应都离不开一个触发链条。

情绪 ABC 理论是由美国心理学家阿尔伯特·埃利斯创立的理论。该理论认为激发事件(A)只是引发情绪和行为后果(C)的间接原因,而引起情绪和行为后果(C)的直接原因则是个体对激发事件(A)的观点和评价而产生的信念(B)。

显然,从诱发事件到行为反应,中间的观点信念是触发点。这也就是为什么,当管理者激励畏难的、拖延的、回避的员工,如果只是建议他们勇敢点、积极点时,他们可能虽也表达改变的决心,行动却跟不上或者不持续。

归根结底,是观点信念这层障碍没有移除,而移除的第一步是看见。可以说,看见了,就已经至少移除了一半的障碍。

当遇到拖延的员工汇报工作时,管理者不妨问问,在拖延的这段时间,他都想了什么,做了什么思想斗争,再通过他的观点和信念,来提出看法和建议,帮他破除行动的阻碍,促成他改变。

结束语

领导力不是空中楼阁,用人之道要靠日积月累的实践。

希望本篇文章能帮助管理者学会人才甄选方法,在教会下属"从知到行",影响下属改变,使下属重燃信心的同时,提升自己的领导力。

龚纪华

DISC国际双证班第10期毕业生

乐此不疲成长社创始人

CCF专业教练

中国政法大学研究生

扫码加好友

龚纪华 BESTdisc 行为特征分析报告

CSI 型

4级 工作压力 行为风格差异等级

DISC+社群

报告日期：2023年02月03日

测评用时：07分25秒（建议用时：8分钟）

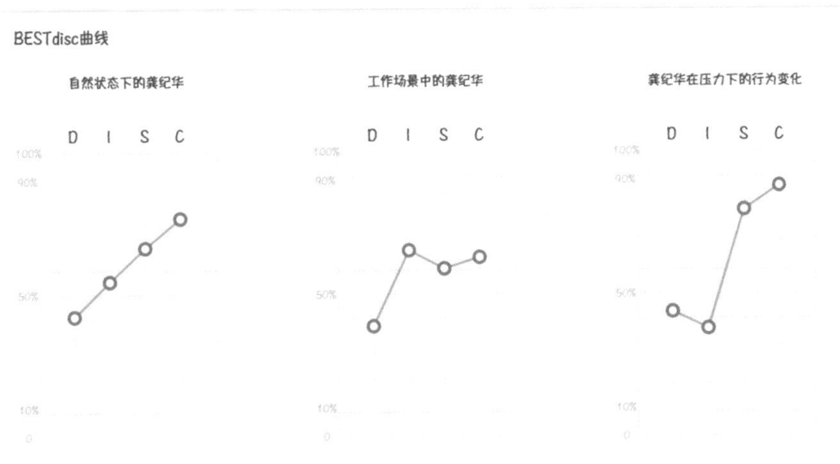

D-Dominance(掌控支配型) I-Influence(社交影响型) S-Steadiness(稳健支持型) C-Compliance(谨慎分析型)

龚纪华喜欢学习知识，又能传递知识，总能提出有力的主张赢得别人的尊敬；充满活力的他喜欢主动与人交往，构筑融洽的人际关系对他来说是件轻松的事；他注重事实和细节，善于深思、分析事实，并且仔细地制订计划，办事可靠，顾及他人，面面俱到；作为一个天性热情诚恳的人，他容易使别人产生信任感；他有很强的技术/专业素质，会证明所提供信息的正确性。

ATM 目标公式助你使命必达

1952 年，查德威克小姐从卡特琳娜岛游向加州海岸。

那天，天气情况很恶劣，经过数小时的坚持，她知道自己不能再游了，就喊人来拉她上船。她的母亲与教练在另一条船上告诉她，离海岸很近了，不要放弃。但她朝加州海岸望去，除了浓雾，什么也看不到。

人们拉她上船的地点离加州海岸只有半英里。后来，她说令她半途而废的不是疲劳，也不是寒冷，而是她在浓雾中看不到目标。

这个故事告诉我们，目标要能看得懂、够得着，最后才会形成动力。有的人天天设目标，可是一旦行动起来，才发现往往不知不觉就跑偏了。有的人很努力，但最后的结果却总是不尽如人意。

所以，我想和大家分享目标制订的 ATM 公式。通过这个三步一体的方法，可以让目标制订得更加合理、更加清晰，真正获得成果。

ATM 三个字母分别代表三个单词：Aim（目标）、Tool（策略）、Move（行动）。简单来说，就是通过两个策略，完成四个行动，实现一个目标。

Aim（目标）

听了很多道理，但依旧过不好自己的人生。为什么呢？答案很简单，往往是目标的设定有问题。目标的设定，要注意以下三点。

第一，要有 A－B 点思维。

我们要清晰地描绘出目前的状况（A 点）和未来希望达成的目标（B 点）。

比如，我们希望改掉自己的拖延症。

首先，我们要清晰地描绘出 A 点，就是常常出现的拖延的状况是什么。然后，再找到对应的 B 点应该是什么样子。描绘得越清晰、越详细，我们对目标的把握就越精准。

第二，要学会呈现目标的画面感。

我们常常被愿景和使命召唤。愿景的画面感会触发我们的情绪反应，带动左右脑同时高效运作，更好地帮助我们实现目标。愿景的英文"Vision"一词本身就和画面有关。画面感是非常有力量的。

假如，希望在 2023 年买房，我们就把自己期待的房子的足够多的细节用画面的形式在脑海中呈现出来，如面积、朝向、在阳台上摆放的物件、卧室的布置等等。

不断呈现画面，不断和家人分享，就会获得更多的动力和支持。

第三，PE－SMART 原则让目标富有意义和价值感。

P 就是 Passion（激情和热爱），E 就是 Effective（意义价值），PE－SMART 就是在 SMART 原则的基础上调动激情，并且有意识地塑造意义感和价值感。

SMART 是五个单词首字母的组合，它们分别是 Specific（具体的）、Measurable（可以量化的）、Attainable（可实现的）、Relevant（相关联的）、Time－bound（有时限的）。

在我们设定的目标中，总有些能让你特别想去实现的，比如减肥瘦身、事业成功。不管最深层次的动因是什么，凡是可以调动积极情绪或情感的目标，都是我们内在潜意识渴望的或者喜欢的，这样的目标会让我们充满信心和斗志。

曾经，我学习一个 PPT 制作的课程。连续几个月，我每天早上 5 点起来做 PPT，严格按照老师的要求完成作业。我自信地认为，一个月之后的 PPT 演讲，我一定会大放异彩，结果我只获得了三等奖。

我忽然觉察到，我学习了几个月的 PPT，最后证实我努力的终点只是几位同学的起跑线。经过认真的思考，我决定放弃 PPT 的学习，聚焦个人成长和时间管理方面。

同时，我自己也看到我在这件事情上的天赋是不够的，我依然需要PPT，但是可以通过委托他人的方式来完成。我把时间精力用到效能管理和个人天赋教练上，轻松地超过了很多同龄人，成为某效能时间管理华南区的主教练，先后为5000余人赋能。我自己干得不亦乐乎，也喜欢和热爱自己的这个定位：纪华教练。

同时，我还利用医学背景和个人实践，完成了《激活免疫力》一书的编撰工作，完成了自己人生的又一个小目标。

我真的领悟到了一个很重要的人生真谛：你乐此不疲的地方才是你的天赋和热情所在。具有天赋和热情的区域，就是你人生宝藏的富矿区。如果你能恰巧一直专注于这个区域，那么大概率你是可以愉快地超越很多人，成就自己的人生梦想的。

除了热爱，还要赋予目标意义感和价值感。

1983年，乔布斯邀请时任百事公司总裁的斯卡利来苹果公司担任CEO。斯卡利开始没有同意，后来乔布斯用一句话说服了他："你是想卖一辈子糖水，还是想和我一起改变世界？"

乔布斯巧妙地在斯卡利心中种下了一枚激情和意义感的种子，把他"挖"到了苹果公司，极大地改变世界。

在制订目标时，如果想让目标更具可实现性，那就注意用好A-B点思维、呈现目标的画面感、赋予目标意义感和价值感，积极地对目标进行进一步的打磨。

Tool（策略）

以色列物理学家高德拉特博士（Eliyahu M. Goldratt）创立了TOC理论。他认为，任何系统至少存在着一个制约因素，否则它就可能有无限的产出。因此要提高一个系统（任何企业或组织均可视为一个系统）的产出，必须打破系统的制约因素。

按照这个理论，我们要达成我们的目标，也必须围绕着影响目标实现的关键点来设计策略或选择工具。比如女生们希望达成减肥的目标，那么什么是达成减肥的策略呢？

很多人都会说，“迈开腿，管住嘴”。为什么这是减肥当中常见的关键策略，而不是看几本减肥杂志或者吃减肥饼干呢？因为本质上造成肥胖的原因是我们摄入的热量大于我们消耗的热量。

“迈开腿”就是加大我们的热量消耗，“管住嘴”就是减少我们的热量摄入，这就符合我们提到的实现目标的核心策略。

请注意，我们不是只停留在策略就完事了，而是要设定适合我们的策略目标。

比如，“迈开腿”需要设立每天的运动时间或消耗热量总数；“管住嘴”需要设立每天摄入的热量的总数和结构。

条条道路通罗马，要想实现目标，就要考虑哪条道路最适合自己，根据我们自身的实际情况和资源来选择合适自己的策略目标。

2022 年春节过后，我发现自己居然重了 4 公斤，从 72 公斤长到了 76 公斤，于是，减重成了我最重要的目标之一。

一个月后，我的体重恢复到了 72 公斤。复盘时，我惊奇地发现，这次比较顺利减重的原因居然是每天早上称重的习惯。因为称重后，数据会被我的智能体脂秤记录下来。当我每天看着这些数据的变化，就会做出一个简单的决策，比如跑步多跑 500 米，午饭不吃米饭或只吃半碗米饭，并且按照 2 份蔬菜、1 份蛋白质的方式来搭配饮食。

如果不是这个数据起到警示或提醒作用，单纯靠饮食或运动，我可能无法达到精准减重的效果。一个看起来容易被忽略的小策略，成为我减重成功的关键因素之一。可见，深入地思考和分析，选择适合自己的策略目标是多么重要。

Move（行动）

《高效能人士的七个习惯》提到，实现目标需要经过头脑中的两步构思创造，智力上的第一次创造，而付诸实践，是体力上的第二次创造。

所以，无论是整体目标还是策略目标，都可以理解为智力上的第一次创造。而要把目标变成现实，需要第二次创造，即具体的行动，这是影响策略目标实现的关键性动作。

两年前，我用一个月减重 4 公斤，在“管住嘴”和“迈开腿”两个策略上，进行了第二次创造。

在“管住嘴”这个策略上，我的两个行动：每天早起的第一个动作就是测量体重，根据体重变化调整当天饮食；每周二、周四进行轻断食，轻断食当天摄入热量不超过 600 大卡，用 APP 记录。

在“迈开腿”这个策略上，我的两个行动：每天晚上 10 点前步数超过 15000 步；每天跟着 Keep 上的高强度间歇性训练课程运动 20 分钟以上。

通过实践发现，选择目标其实是一项非常重要的能力。我们之所以和目标擦肩而过，往往是因为自己没有系统地掌握制订目标的方法。我通过两个策略，四个行动，实现一个目标，用这样的方式，我一个月减重 4 公斤。此外，我还坚持早起 2200 多天，每天阅读 1 本书，3 年实现了资产翻番。

结束语

人生，就是一个从小目标到计划，再到愿景，最后到使命的逐步升级的过程，同时也是一个通过努力，实现目标，逐渐发现自己的天赋和热情的过程。这样的人生也是成果丰硕、充满乐趣的一生。

从人生使命感层面出发，你到底要实现什么样的目标？认真地把它写下来，每天一点点行动，人生将迎来大改变。

蒋云娥

DISC+讲师认证项目A17期毕业生

跨境电商HR

扫码加好友

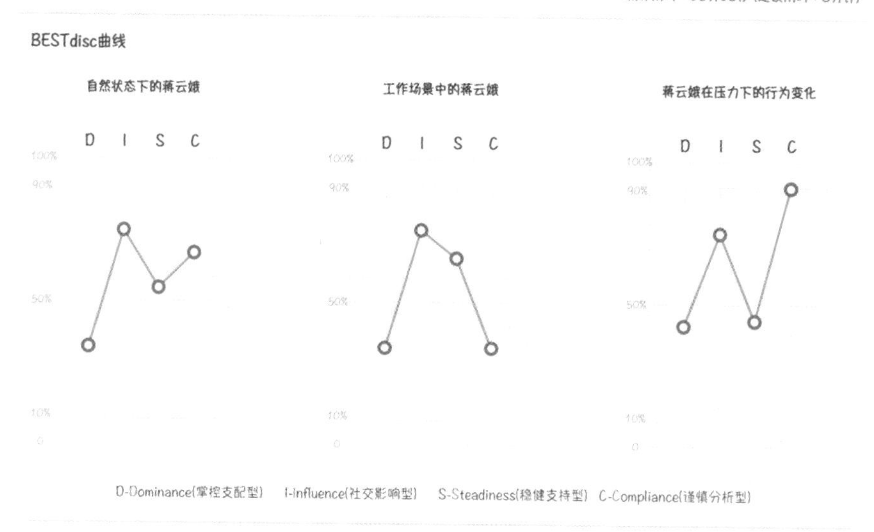

蒋云娥有很强的同理心，提倡协作，有团队合作精神，替人着想、细心周到；她注重精确性、善于运用逻辑性的分析和理性的推敲做决定；当面对环境中的种种挑战时，她能做出有创意的回应来使别人感觉轻松，而且她传递信息的方式也比较有趣；她比较健谈，热情而热心、富于想象力，认为生活充满很多可能性；她非常有组织性，能为工作设计出有连贯性、有秩序的架构。

跨境电商员工关系的柔性管理

随着信息技术革命的发展和推进，电商时代来临。全球经济一体化席卷而来，跨境电商成为全球经济发展的重要一环。

从交易规模的变化来看，中国跨境电商的发展经历了三个阶段：缓慢增长阶段、迅速增长阶段、稳定发展阶段。

互联网技术发展完善、移动支付系统安全性提高，都为跨境电商企业提供了很好的发展机会。跨境电商企业大展拳脚的时代已然到来。

与传统企业不同的是，跨界电商企业更灵活与开放，只有这样，才能与国际企业的多种优势资源结合，获得双赢或多赢。在此背景下，“虚拟团队”成为跨境电商企业必须面对的变革。

虚拟团队中的柔性管理

虚拟团队是由分散在不同地域、空间的人们，为实现同一目标而组合在一起的灵活性团队。

为适应跨境电商的发展，人力资源管理部门对新模式进行探索是非常必要的。

不同于传统企业，跨境电商的特点主要体现在以下几方面。

首先，跨境电商需要更为灵活的扁平式结构，有助于更及时、更敏锐地反馈市场信息。

其次，基于项目的临时团队，需要具备快速重组和适应的能力。

再次，基于业务性质和地域需求，团队成员来自不同国家、不同民族、不同企业，具有很强的跨时间、跨空间特征，异地同步协作和异地异步协作成为主旋律。

最后，为了应对国际市场的快速变化，团队成员有不断成长以实现共同目标的学习动力。

1972年，美国管理协会出版了《改革人力资源管理》一书。该书阐述了员工的需要、兴趣、期望和组织的目的间的一致性，还强调了“人是组织中最重要的资源”这一理念。

企业必须加强人力资源管理，建立良好的员工关系，挖掘员工潜力，为员工价值的发挥创造最有利的条件。

在虚拟团队中，更需要使用柔性管理，激发员工的内在驱动力，确保员工的自觉性、激励的有效性，让员工发挥最大的作用，进而提升公司的核心竞争力。

有一些跨国企业已经开始采用柔性管理来处理员工关系，例如：

开放的工作时间，允许员工在一定的范围内自行安排工作时间，以满足他们的个人需求。

居家工作，提供居家工作的选项，以帮助员工实现工作和生活的平衡。

假期政策，提供充足的休假机会，以帮助员工调整工作压力。

健康和健身活动，提供健康和健身活动，以帮助员工保持身心健康。

学习和发展机会，提供学习和发展机会，以帮助员工实现个人成长和职业技能不断提升。

灵活的福利，提供灵活的福利，以满足员工的特殊需求。

沟通和合作，鼓励员工之间的沟通和合作，以提高团队合作精神。

看似松散无纪律的柔性管理模式，却收获了出人意料的绩效成果，新模式下，员工的工作效率和成果产出更高、更多、更好。这的确是一个引人深思的问题。

关于柔性管理模式措施与建议

跨境电商企业内的人力资源管理团队，应该如何借鉴、化用柔性管理模式，让企业发展得更好呢？可从以下方面着手。

共同愿景。在团队成立的初期，协助员工清晰地了解团队的愿景和目标，定期与员工进行交流，帮助员工了解目前的工作状况，并及时调整。

以人为本。以人为中心的管理理念，一是为了给员工营造一个使其受尊敬的开放式的工作氛围，提高员工的归属感；一是注重员工的发展，强调了职业生涯、培训、沟通、参与等，有助于培养良好的企业氛围、促进企业创新。

员工参与。在设计员工参与方案时，应根据行业特点、员工自身特点等因素选择一种或多种员工参与形式，遵循以下原则：员工参与范围不宜过宽；员工应被赋予一定的决策权、自主权，以此提高员工的工作积极性；允许员工选择自己的工作时间和地点，以提高员工的工作效率；允许员工改进工作方法。

团队管理。团队管理重在挖掘集体智慧，结合科学合理的方法和途径，建立高绩效的团队。例如：团队的存在应基于目标；应培养优秀的团队领袖；团队成员的能力应与其岗位相匹配；应加强团队协作能力的培训；建立有效的团队绩效评估体系。

绩效管理。绩效管理体系的有效实施需要全员参与。通过与员工沟通，确定公司的经营决策、战略方向、员工的绩效目标以及评估标准，为员工提供必要的支持、指导和帮助，共同完成绩效目标，实现企业和员工共赢。通过给予员工及时的回馈，帮助员工了解自己的工作表现和贡献，同时提高员工的工作满意度。

良好的激励机制。跨境电商企业中的员工一般是知识型工作者，除了薪水以外，他们对职业的追求是很高的，所以要适当为他们安排一些富有挑战的任务；要及时给予他们肯定和赞扬，这是一种强大的动力；要为他们提供有规律的培训与进修，更好地满足知识型员工的进取心，强化他们对公司的归属感。

优化培训体系。培训的目的在于最大限度地激发员工的潜能，提高员工对企业的忠诚度和凝聚力，使企业在培训上的投资有回报，并让员工在工作中产生满足感和成就感。柔性培训则是提高企业人力资源竞争力的关键。企业应该在之前的知识技能传授的基础上，丰富培训的内容，以适应企业内外环境和当前情况。另外，柔性培训应以员工的个性特征为原则，培训内容应具有适应动态环境的灵活性。

员工引进。跨境电商企业的客户群体遍布世界各地，所以也应该从世界各地搜罗优秀的人才。世界上很多国家都在经历着飞速的发展，一些跨国的电子商务企业有着丰富的管理经验和成熟的运作方式。所以，跨境电商企业可以从国外引进有经验的从业者，为企业的人员培养工作做好准备。

完善信息系统。信息系统已经成为电子商务运营的生命线。因此，跨境电商企业应结合经营发展特征，对其进行重构与改造。要强化信息的输入量、完善性，强化对信息的全面监控。将企业的信息化管理与企业的人力资源管理有机地融合在一起，通过对大量的人力信息进行统计和评估，可为企业和员工发展做出科学的判断。

信任关系。资源分配、工作成果评价、绩效标准制订等等，都会对员工的信任关系产生一定的作用。为此，应当实现这些要素的透明、公开和公平，尊重每个员工的知识、技能、态度、行为和文化。在跨境电商团队中，有效的理解与互相赞赏是建立信任关系的基础。

完善沟通机制。高效交流是一个团队工作的核心。科技进步对团队交流起到了不可估量的作用。在跨国会议中，为避免仪器出现问题而造成通信中断，可以在团队内指定一位专门的工程师，进行仪器、平台的开发、安装和调试。可以通过各种通信工具，经常安排员工之间进行信息交换，以此保证沟通的频率，取得理想的沟通效果。

跨文化管理。加强文化差异意识和跨文化的知识普及，使全体员工更好地理解各民族的文化、各地域文化和公司的文化。通过这种方式加深相互间的理解、对彼此的文化的尊重与认同。另外,也要树立一种灵活的企业文化,使全体员工互相包容、学习。

建立成熟的学习型团队。学习型组织是基于共同目标,以团队学习为特点,以平衡的组织架构为管理结构的一种组织形式。它强调学习和激励,使员工不断发掘潜能,提高团队的智慧和综合能力。知识密集型的跨境电商团队则更加注重知识的更新和技术的发展,所以要在团队中营造一种集体的学习氛围,运用现代化的信息技术与网络教育平台,强化交流、分享知识,增进员工之间的互信,减少工作上的隔阂,强化协作,增强凝聚力。

结束语

随着经济的发展和社会的进步,员工关系管理成了跨境电商企业亟须研究、深化的新课题。

如何针对跨境电商企业中的虚拟团队采取适当的管理措施,建立起适合企业发展的和谐的员工关系,是人力资源管理人员需要进一步研究与探索的课题。期望与你一起激荡思维,迸发灵感!

第三章

唯有热爱，方可抵御岁月漫长

如果说敬业代表了一种美德、一种由衷的自律，那么乐业就象征了一份理想、一份挚爱的升华。跨越一座座布满荆棘的山丘，但我依然甘之如饴，乐此不疲。

张瑾

DISC+讲师认证项目A17期毕业生
DRM高级财富风险管理师
RFP美国注册财务策划师
MDRT美国百万圆桌全球寿险精英

扫码加好友

张瑾 BESTdisc 行为特征分析报告　　DISC+社群

CS 型

3级　工作压力 行为风格差异等级

报告日期：2023年01月23日

测评用时：15分53秒（建议用时：8分钟）

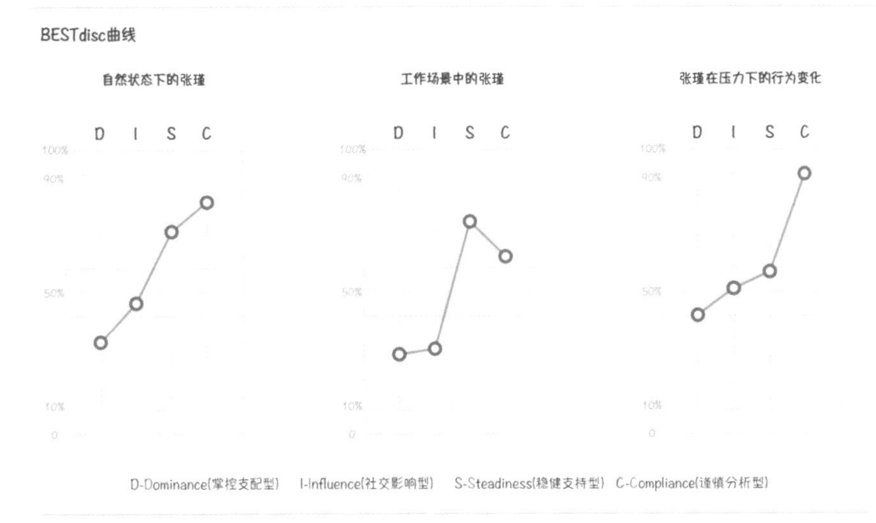

张瑾对所在的组织有强烈的责任心，会努力、坚持不懈地完成工作；善于思考，关注细节、程序和数据；她天性温和有礼、真诚可靠，高度关注别人的情绪、需要和动机，在专业技术方面的表现尤其出色；她能耐心地对待他人，待人处事非常得体；她办事可靠、行事随机应变，有很优秀的行政管理和组织能力，能很轻松地处理日常公务。

择一事，终一生

初入寿险行业时，我虽已过而立之年，却如一懵懂少年，伴随着欢欣与泪水一路成长。转眼已满 20 个年头，我虽已年近半百，却正值寿险生涯的桃李年华。我相信，寿险将是我终生的事业。

我以我身正行风

坦白说，寿险这一行，不好做。

大学时，我获得了经贸外语和法学双学士学位，毕业后进入一家集团公司工作。凭借个人的不懈努力，从分公司的出纳做起，一直晋升为集团总部人力资源部门的负责人。

女儿出生后，我特别关注女儿的早期教育，同时也预见到自己在集团公司的工作的天花板，于是，我毅然放弃了这份在别人眼中光鲜亮丽又收入颇丰的工作，转身成为一名全职妈妈。

现在，辞职回家带孩子不叫事儿，甚至让人羡慕，但在 20 多年前，人们听谁说辞职、跳槽、“下海”，跟听说谁离婚一样新鲜。那一年，在别人看来，我“自甘堕落”地进入人生低谷。

30 岁时，我选择进入保险行业，再一次让众人跌破眼镜。这一次更可以用“众叛亲离”来形容了。

当时，保险从业人员的素质良莠不齐，推销手段又让人反感。面对保险从业人员，好一点的，选择客气回避话题，只要不谈保险，总是谈笑风生；差一点的，会直接说出极其难听的话，哪怕再亲近的人，都有可能不由分说地跟你老死不相往来。理由无他,只是因为你是一名保险从业人员。真正支持和理解你的人寥寥无几。

那一年,别人眼里的我,放着好端端的外企工作不做,却要去干人见人烦的保险。用朋友的话说:“你的两个专业都可以让你用鼻孔看人,怎么会去做保险?!”

是啊,我怎么会去做保险?而且一做20年!

我上大学时所学的两个专业中都有保险的相关课程——《保险学》和《保险法》。我所学的相关知识使我意识到保险在应对家庭经济损失时是可以发挥杠杆作用,可以救家庭于危难之中的。于是,婚后我就主动在一位“扫楼拜访”的保险代理人那里为自己和老公配置了重疾险。

然而,买完这一单后,那位保险代理人离职了。我跟绝大多数客户一样沦为了保险“孤儿单”。我没有享受过保单的相关服务,也没有人再联系过我。

直到女儿出生后,身边一下多出好几位来自不同保险公司的代理人。这一次,我要自己研究条款!好在当时我所在的城市只有五家保险公司。研究完所有公司的条款后,我决定为女儿在新华保险公司配置保险。于是,我主动跑到该公司的前台,让他们推荐一位代理人给我,我已选好产品,只是需要签单。

就在给孩子配置保险的同时,我接到了第一份保险的续期服务人员的电话,大概的意思是:我的保单已失效快满两年了,再不补交,将会影响她的考核。我心生歉意,转告老公记得第二天跑一趟保险公司,把两年现金保费和滞纳金交上,以免影响了代理人考核。

然而,老公听后非常恼火,接连问了我三个问题,却让我回答不上来:

“为什么明明能联系上我们,却让我们的保单失效两年?”

“两年里,幸好我们没发生问题,如果发生了,这保单有什么用?”

“再不交,影响代理人的考核,那对我们的影响又是什么?”

是啊,可能很多人和我一样,买保险前,代理人三天两头在眼前晃;买完保险就再见不到人,享受不到任何服务,甚至保单是否有效都不清楚。保险明明是个好东西，怎么就被搞成了这样?！如果我是保险代理人，我一定不会让我的客户有这样的体验感！

抱着“我以我身正行风”的信念，那一年，我加入到寿险行业的大军中，成为一名不被人看好的保险从业人员。我知道我的力量很小，但依然希望凭自己的努力，可以让接触到我的人说：“原来保险是这样的！”

然而，这一行，真没有自己想象的那么简单！

我就是那个“活菩萨”

对于生病、意外这种不确定的小概率事件，基于趋利避害的本性，绝大多数的人是根本不愿去面对的。大部分的人宁肯相信自己会是两千万分之一的彩票头号大奖的获得者，也不愿相信自己会有 3‰的可能发生意外，或有 72.18%的可能患上重疾。

于是，在很多人眼里，保险成了不吉利的代名词，而保险代理人成了那个给别人带来诅咒的讨厌鬼。加上最初行业队伍中确实有些代理人的专业水平差，说不清楚，讲不明白，靠人情推销，靠软磨硬泡，甚至靠返佣送礼的方式，既把保险营销这个本该高尚的职业做得卑微到尘埃里，也把市场搞得乌烟瘴气。于是人们谈险色变，怨声载道。对于保险代理人，也是能离多远离多远。

初入行的那段时间里，每次遭遇客户的白眼和冷嘲热讽时，我真的很困惑、很委屈，也很痛苦，甚至会怀疑自己的人品。不解为什么那些曾经认可自己为人的亲朋好友，只因自己做了保险代理人就恶语相向，退避三舍了呢？是我的问题吗？还是保险有问题？他们到底是讨厌我，还是讨厌保险本身？

我时不时想放弃：干吗自讨苦吃，受这份冤枉气！但一想到自己进入行业的初心，和那些支持我、关注我并已经成交的客户，我又一次次坚持下来。尤其经手第一次理赔后，我更坚定了自己的这份选择。

2004 年的夏天，我第一次接到了客户的报案。电话那头，客户怯怯地问我，他的妻子患了宫颈癌，正住院治疗，买的保险能不能理赔？

我对这位客户的印象非常深刻。他是一位转介绍客户，一家三口，自己每月有1200元的工资，妻子没有固定工作，靠偶尔打些零工贴补家用，还有一个12岁的女儿正在上学。家里的日子虽过得拮据，但看得出他很疼爱妻女。在大多数人极度排斥保险时，他却是借钱给妻子买了重疾险和住院医疗险。保费刚交完两年，媳妇出险了。

去他家里探望并拿理赔资料的那天，天很热，狭小的房间里挤得满满当当。女人刚手术后出院一周，脸色苍白，虚弱地半躺在床上跟我讲述她的治疗经历。而他一直蹲坐在窗户边的马扎上，原本就不高的他越发蜷缩了。他一口接一口地猛吸着烟，一句话也不说。直到我起身告辞时，他才讪讪地问我："张经理，能赔吗？能赔多少？"

坦白说，这是我从业两年来的第一起理赔案，没有一点经验，能告诉他的就是我会全力帮他申请。

理赔的过程比我想象的顺利得多。因为资料齐全，案件清晰，理赔款一个星期就下来了。只是遗憾买得少，全额赔完就只有不到三万元。男人接过理赔款后，做出了让我震惊却坚定我前行的动作——他跪下了！

扶起他的那一刻，我早已泪流满面，真的是百感交集。对于有些家庭来说，两万多元不叫什么，可对于这个家庭来说却是巨款。这一跪也让我更深刻地理解了刚入行时听到的那句话：保险服务是天下最神圣的职业！这真的不是一句口号，也不是所谓的"洗脑"。是如我一般热爱保险的职业从业人员和那些愿意用保单向家人传达爱意的客户，共同为它赋予的内涵。

这之后，即使再有客户因为不了解，甚至是误解保险而说难听的话，我都不会像之前那样委屈、难过，因为我知道在有需要的人心里，我就是那个"活菩萨"。尤其是在为他们一次次送去保障之后，我深深体会到自己肩负的不仅是一份简单的保险合同，而是客户对自己、对家人、对未来的一份希望与重托。

最幸福的时刻莫过于客户对我的服务报以满意的微笑，最大的褒奖莫过于听到客户对我说："你跟别人不一样！"

让保险营销成为高尚的职业

我一直努力提升自己的专业水平、寻找最佳的服务方式，但我却越发有种力不从心的感觉。因为保险公司越来越多，保险产品与服务也越来越多样化，而我受制于单一保险公司，很难完全站到客户的立场提供整套财富风险管理解决方案。

因此，我开始反思：我到底该怎样做，才能真正对客户长久负责？

经过一系列考察和市场分析后，2015 年年底，我选择去一个可以让我心无旁骛地从整个金融保险行业的视角出发，用未来的职业生命为客户提供最满意、最适合、最安心、最便捷的保险服务的地方——中国首家全国性保险销售服务机构，大童保险服务平台。

如果说人生是一次次不断跨越的山丘，我相信，我已站到了一座更高的山峰上！因为在这里，我发现自己的职业价值观与公司“感恩敬畏，向善利他”的企业文化及“为顾客创造价值”的企业宗旨不谋而合。无论是有格局、大爱的公司领导人，还是高效、和谐的团队；无论是专业的咨询服务模式，还是先进的科技技术支持；无论是丰富人性的产品供应，还是暖心热情的好赔队伍。这一切都让我庆幸，终于找到了真正的事业归属！

然而，这一次的转型，没有想象的那么顺利。因为在 2015 年，对于才刚对保险有初步接纳意愿的绝大多数中国老百姓而言，第三方保险平台还是陌生的，甚至是不可靠的。虽然有些客户基于之前对我本人的信任继续选择我，但对于我选择大童，选择第三方到底对他们有什么意义，他们还是一无所知。

虽然我知道自己的选择没错，但对平台是否真的能承载我对客户的服务承诺，我也是不确定的，直到我亲身经历了第一次好赔服务。

2020 年春节，疫情暴发。一位刚交过四年保费的客户因突发急性心梗住院，实施心脏瓣膜介入手术。手术很顺利，花费也不大，除去社保报销后，需要客户个人承担的仅有两万余元。

然而，理赔时却出现了问题。五家保险公司中除一家合资公司严格遵循“两年不可抗辩”原则，第一时间完成 20 万元重疾理赔，并豁免后期保费外，其余四家均做出了重疾“拒赔”的初步核赔结论，而客户之前自己在互联网上配置的百万医疗险也给出了同样的结论。拒赔的理由很简单：在住院大病历的病人主诉一栏中，第一句就赫然写着“患者有十年高血压史”！

在得到这个初步核赔结论后，我第一时间申请启动好赔服务，为客户争取权益。好赔专员对病历仔细地阅读，在大篇幅的病人主诉中发现了非常有力的证据：四年前患者通过保健品调理，在不用药的情况下血压正常。由此，好赔专员全力辅助我向其余四家保险公司及互联网保险公司为客户二度申请理赔，并在客户没有参与的情况下，最终获得重疾理赔 100 万元，百万医疗报销一万多元，并豁免后期保费近 60 万元。

当一切尘埃落定，我去为客户核对理赔款及梳理现有保障时，客户激动不已地问我大童到底是家什么样的公司，服务真的颠覆了他对保险的认知和评价。过去的他曾有过不愉快的保险经历，让他深信保险是骗人的。之前通过我配置保险，也是碍于介绍人的情面。而这次的理赔经历，让他重新认识了大童，重新理解了我的身份跟他身边的保险公司代理人不一样。

自此，他成为大童义务代言人，成为我的影响力中心。这次经历也让我更坚定了自己的选择，更体会到大童宣言中的“让保险营销成为高尚的职业，让广大客户享有全面的保障！”的真谛。

结束语

一直深深钦佩那些视寿险营销为艺术的人，他们将这样一份平淡无奇的职业演绎成毕生绚丽的事业，以至于“衣带渐宽终不悔，为伊消得人憔悴”。那份痴迷与虔诚几乎可以与最纯粹的信仰相媲美。

经过 20 年洗礼的自己又何尝不是这样呢？由衷地感谢自己当年的选择，在绝大多数人不认识、不认可保险时，我深信这是一份伟大的事业；也感谢自己当下的选择，在绝大多数人选择停留在单一保险公司并为其代言时，我已进入第三方平台，以满足客户需求为己任，并为自己代言。感恩自己在这个伟大的时代，遇到这个伟大的平台，我与平台各团队三观契合，理念相通，真的算是人生幸事。

写到这里，突然想到“敬业”与“乐业”两个词。如果说敬业代表了一种美德、一种由衷的自律，那么乐业就象征了一份理想、一份挚爱的升华。

择一事，终一生，保险服务是一场没有尽头的苦旅，有如跨越一座座布满荆棘的山丘，但我依然甘之如饴，乐此不疲。

李玉华

DISC+讲师认证项目A17期毕业生

英国语言与文学学士

人力资源管理硕士

万豪国际集团旗下喜来登及瑞吉品牌酒店从业30年

扫码加好友

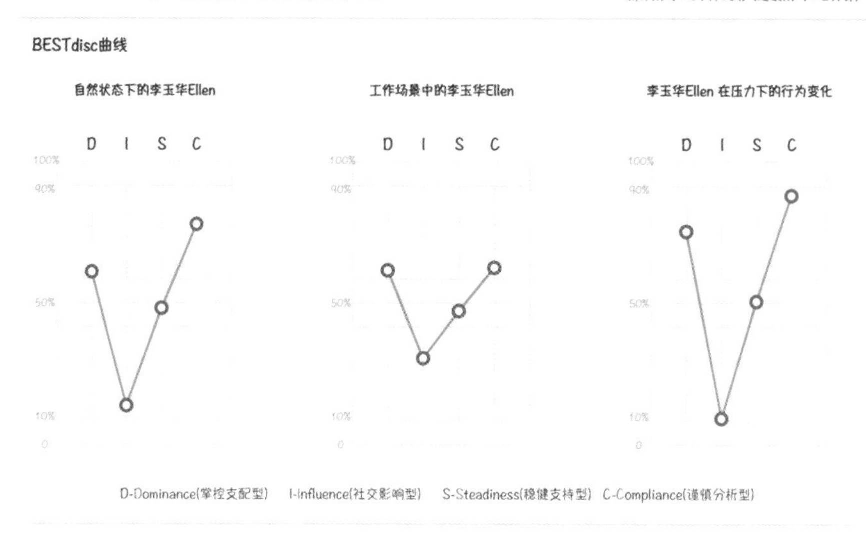

李玉华非常有才能，往往是独立自主的问题解决者，能高效地利用技术和专业知识对质量产生积极影响；她精确而有逻辑性、善于分析，具有创新能力；她以行动为导向，对具有挑战性的事情干劲十足，有很强的驱动力、充沛的工作精力，而且步调迅速；她善于分析事实，会透彻地思考，并且仔细地制订计划；她注重事实和细节，也强调标准和质量。

最佳职业状态的探寻

中国人口众多，但为什么依然有很多人找不到工作，有很多企业招不到人？企业究竟缺什么样的人呢？

企业明明有很多人，但为什么老板还是不满意？

为什么员工对工作不满意，想跳槽？

如何让团队成员达到最佳的职业状态？

职业最佳模型

一位民营酒店老板要招一位助理，其要求是：男性，身高 175cm 以上，年龄 30 岁以下，全日制名校本科毕业，有驾照，助理的薪资是 9000 元/月。

但是，几年了，依然没有找到合适的人选。为什么？因为老板提出的招聘条件没有市场竞争力。

老板想要聪明、能干、颜值高、任劳任怨、爱奉献的员工。大部分应聘者想要的却是薪资高、工作轻松、离家近。

暂且不谈在酒店工作能否获得高薪，就酒店的各种“清规戒律”以及工作时间长，逢周末或法定节假日还要加班这些事，就让无数追求时间自由、工作与家庭平衡的人望而止步。

这体现的不是人才的短缺，而是供需双方的矛盾。要缓解这个矛盾，公司的 HR 及老板就要调整各自的需求。HR 的职责就是找到能满足组织需求的人才。

我想引用一个模型叫职业最佳（Career Best，引自 Career Best© 2006 Novations Group，Inc.）。

职业最佳模型由组织需求、人才及热情三大因素组成。

组织需求：组织战略和方向

组织需求通常涉及组织战略和方向。人力资源管理的目的是要根据组织的战略，通过 HR 的六大模块活动，最终实现组织的目标。

根据时间长短，战略可分为长期、中期、短期战略。不同规模或档次的组织对战略的长期、中期或短期的时间规划也不尽相同。特斯拉公司创始人埃隆·马斯克（Elon Musk）说，他每天在思考的问题，不是这个月、这个季度或今年的事，至少是三年以后的事。他现在花大量的时间在探索太空及人工智能。

根据地域，战略可分为全球战略和各地区的战略，地域不同，战略的侧重点也会有所不同。

根据职能部门，战略可细分为财务、市场营销、收益管理、运营、HR、工程、安全等。

站得越高，视野也会越开阔。员工与上级的方向更趋一致、与上级沟通时有共同语言，且更加顺畅，各项工作才会取得更好的成绩，才能更快、更好地实现组织的目标。

在过去的这三年疫情期间，全国的旅游酒店业遭受重创，企业的目标从要盈利变成要生存。HR 的职责就是帮助老板或公司减少劳动力成本，尽量保证每位员工的工作。生意不好时，只保留最少的运营人手；生意好时，酒店就要打破部门界限，安排后勤人员到餐厅端盘子、服务客人，到客房部帮助撤掉脏布草、清洁房间，到园林部帮忙拔草、浇水；到宴会厅翻台、服务等。

只有实现员工价值的最大化，酒店利益的最大化，才能保证员工的工作机会，也间接地为员工家庭及社会尽了一份责任。

在组织需求方面，建议 HR 争取主动，向前一步，以生意伙伴的角度思考问题。

人才：员工的技术与能力

在了解了组织的需求后，HR 需要对组织的人力资源进行规划，对现有人才进行盘点，然后进行综合分析、判断做出 HR 规划，为之后人员的招聘、配置、培训、激励等环节打下坚实的基础。

在招聘时，如何认识岗位任职需求，做到人岗匹配？建议采用 DISC 行为测评工具。

以国际高端酒店的前台工作人员为例。前台是酒店的门面，因此我们要求在前台工作的人员要有反应灵敏、抗压力强的 D 特质；面对客人时，要有热情好客、善于沟通的 I 特质；还要有亲和、善于倾听、耐心包容、体贴入微的 S 特质；在承担操作系统、录入客人信息及账务处理（收款、发票等）工作时，要有细致认真、细节至上的 C 特质。

此外，还要根据员工的意愿及能力所呈现的不同状态进行培训和激励。

意愿和能力在不同水平之下，可以组成四个象限。

象限一：低能力，低意愿。

这个象限的员工情况比较复杂，需要具体问题具体分析。

HR需要了解员工意愿低的原因，是人岗不匹配、与团队不合，还是培训不到位导致经常出错、被批评，等等。

管理策略：在意愿方面，要激发其好胜心，激励他们在逆境中努力完成工作目标。同时，还要对他们有耐心。

因为人员短缺，各酒店都会招聘部分实习生到一线客服岗工作。对于个别没有打算毕业后从事酒店行业的实习生来说，他们对待工作的意愿就不会很强烈。

因此，部门的管理人员激励他们说：在客服岗可以学到与人打交道的能力，锻炼沟通技巧及解决问题的能力，掌握了这些基本的工作技能后，无论今后从事什么样的工作都是有帮助的。一位在餐厅实习的同学毕业几年之后开了一间餐饮小店，他在餐厅实习的经历就派上了用场。

象限二：低能力，高意愿。

这个象限的员工通常是新入职的人员、新调任或晋升到新岗位的老员工。他们有工作热情，但工作能力还没有达到新岗位的要求。

管理策略：建立快速提升知识与技能的培训系统（具体、准确的方法与技能）和激励系统（对培训师及带班师傅的奖励、对学员进步的认可等），全方位呵护员工，让他们有安全感，快速提升能力，从而持续保持热情。

我从培训经理直接调到前厅部担任经理时，发现自己并不胜任，因为我没有事先掌握前台的相关知识与技能，对工作失去了掌控力，于是想要辞职。

总经理专门找我谈话，说："你培训经理做得很好，相信你在前厅学习一段时间之后，一定会成功的。"然后，他还调了一位资深的美籍前厅部经理来给我进行培训。后来，我重新找回了自信。

象限三：低意愿，高能力。

这个象限的员工通常是技术骨干。他们已经掌握了本岗位的知识与技能，对工作得心应手，但投入度或敬业程度不高，失去了工作的激情。可能是在长期的投入过程中没有得到应有的回报或认可，或者没有继续上升的发展空间。

管理策略：骨干员工都有经验和技术，可以给他们提供与他人分享经验与技术的机会；在他们工作领域之内的事，让他们参与讨论、决策，让他们感受到被重视和有价值感；通过轮岗、多技能培训等方式，扩大其工作职责范围，开发其潜能，为其提供更大的挑战。

酒店有一位管事部经理，他担任的是不被人重视的后勤岗位。工作一段时间以后，他对工作产生了厌倦与困惑。于是我利用他拥有食品安全卫生内审员资格证书的特长，任命他为酒店食品安全卫生专员，协助酒店进行日常食品安全卫生培训、检查及定期审计，同时给他发放兼职食品安全卫生专员岗位津贴。

他的工作职责范围扩大了，培训能力和团队沟通协调能力都得到了提升，也增强了与酒店其他部门的联系，同时在领导面前有了新的崭露头角的机会。他工作起来越来越有劲，成了酒店的明星员工。

象限四：高意愿，高能力。

这个象限的员工是任何组织都喜欢的员工，他们不仅能干而且还会拼命干。但要注意的是千万不要以为他们意愿高，能力也高，就忽略了他们。

管理策略：需要持续激发他们的好胜心，帮助他们发挥长处与优势去影响其他员工，让他们得到更好的发展。

在市里的酒店服务技能大赛中，我们前厅的一位宾客服务经理在前厅接待项目中获得了第一名的好成绩，进入了最后的决赛名单，但她非常抵触去参加决赛，说："我在市赛中取得第一名，我已经很满足了。"

我跟她谈话后发现，原来是她的英语不太好，如果参加省赛拿不到好的名次回来，她会觉得对不住领导及同事。而且，参加集训的时候，正值酒店旅游旺季，她不想其他同事为她顶班。于是，我找了很多其他省份的比赛资料及试题给她，同时协助她在网上找到酒店英语口语及听力练习的资料，要求她每天早上起床听说半小时。我每天抽查。

比赛当天，我到现场给她鼓劲加油，结果她获得了决赛的前台接待项目第一名，而且还获得省文旅局颁发的五一劳动奖章。这是非常高的荣誉，不仅为她自己，也为企业做了很好的宣传。为此，酒店给她升职加薪，并且为她召开了表彰大会。

她很感激酒店给了她这次参赛的机会，更感谢我给她的鼓励与支持，她表示，自己将以更大的激情去工作，以此回报酒店。后来还有很多职校邀请她去做技能比赛的评委，能与更多的老师、评委交流、学习，于她是多么大的一次飞跃啊。

总之，在外部人员招聘挑战大的情况下，HR 更需要重视在职人员的发展，发现并挖掘他们的优点与强项，通过培训、激励等各种方式让他们发挥自己的最大潜能，为组织创造更大的价值。

热情：价值观和信念

什么可以激发员工工作的动力？是对企业的忠诚？还是对岗位的热爱？其实是公司的核心价值观、信念，以及管理层将这些核心价值观落到实处、并率先垂范的影响力。

喜来登有着悠久的关爱文化，并倡导“只有满意的员工才能带来满意的客人，只有满意的客人才能带来酒店的生意”。喜来登的管理层把对员工的关爱放在非常重要的位置。

有一次，我生病起不了床，只好向总经理请假。没想到，他派人从酒店送了一碗热腾腾的粥到我的公寓（那是没有外卖的年代）。我真的非常感动，至今还铭记在心。当你被很多关爱围绕的时候，就会不自觉地去传递这种爱。

2021 年 8 月 18 日，是我曾经筹备开业的一家酒店的第 15 个店庆日，很多老同事让我牵头组织一次老同事的店庆聚会活动。于是，我成立了由各部门代表组成的筹委会。从拉赞助、筹划晚会流程、会场布置，再到奖品捐赠等，大家都倾注了满腔的热情。

其中一次筹备会议正好是父亲节。筹委会里有两位男士，我很愧疚在这个重要的日子要占用他们与家人在一起的时间，于是，我委托其他同事找到这两位男士的孩子，让他们录制了一段在这一年的父亲节里要对父亲说的话。

在筹备会议开始时，播放了两个孩子为父亲录制的视频："爸爸，您好！在这个特殊的日子，我要感谢您为这个家庭承担的一切、付出的一切。我一定会努力，不让您失望。爸爸，父亲节快乐，我爱您！"

当两位父亲看到视频时，感动得热泪盈眶。相信这段记忆会让他们回忆很久，也会伴随孩子的成长。

在聚会晚宴上，当我在开场致辞中提到喜来登的核心价值时，台下 200 多名同事们齐声说道："我代表喜来登，我使之与众不同。"我热泪盈眶，因为 15 年过去了，很多员工多年不见，却还能异口同声地说出当年我们在一起工作时所倡导的核心价值观，这是怎样的刻骨铭心啊！不管在哪里工作，一谈到喜来登，我们都感到像回家一样。

结束语

在 DISC+社群中，大家也都亲身感受到了海峰老师所倡导的"让朋友变成没有血缘关系的亲人，让亲人变成有血缘关系的朋友"的社群文化的魅力。我们被海峰老师、班主任、助推团长、助推以及学长们的无私奉献与浓浓的关爱温暖着、影响着，也会去传承为他人点灯的力量。

很多人好奇地问我："你怎么会在一个集团工作 30 年这么久？"

因为在喜来登，我得到了很多总经理、前辈、导师及同事的指导与帮助，他们给我提供了不断学习与发展的机会。在这个集团，我深切感受到了关爱文化并沉醉其中。30 年弹指一挥间，我过得很充实、很快乐。唯有努力地工作，并培养一代代新人，才能报答集团给我的一切。

唯有信仰不可辜负，唯有热爱方可抵御岁月漫长！希望我们每个人都能找到组织的需求、发挥自己的优势，并激发内心的那份热情，去呈现自己最佳的职业状态。

陈晶晶

DISC+讲师认证项目A17期毕业生

养育星球创始人

两个男孩的妈妈

《让孩子成为阅读高手》作者

扫码加好友

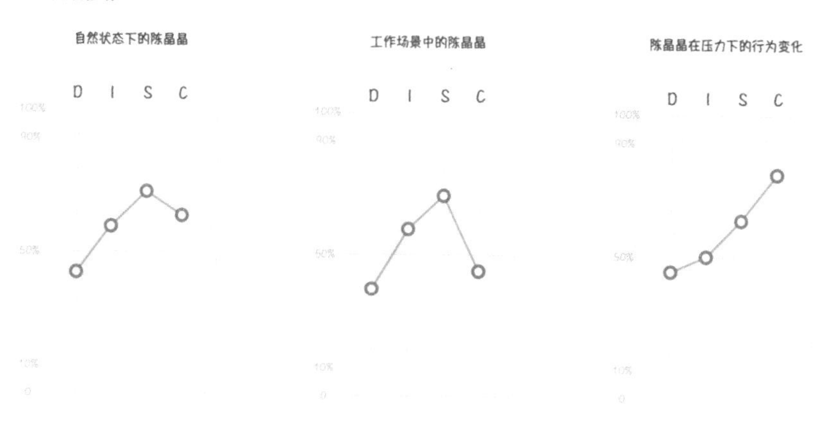

陈晶晶对所在的组织有强烈的责任心，会努力、坚持不懈地完成工作；她非常积极活跃，喜欢主动与别人交往；她温和有礼、真诚可靠，高度关注别人的情绪、需要和动机；在大多数情境下，她都能保持专心聆听，接受信息，而且会可靠而周到地提供反馈；她能客观冷静地运用逻辑分析能力，条理清晰地制订决策；在合适的时候，她会清晰而自信地表达自己对事物的看法和建议。

阅读力影响孩子的一生

35岁时，我离开了职场，成了全职妈妈。五年来，我在养育两个男孩的同时，坚持亲子阅读3000余本书。

陪伴孩子成长的过程，也是自我成长的过程，和朋友们写了第一本书《好父母是孩子一生的朋友》后，2023年，我又出版了《让孩子成为阅读高手》。为了帮助更多家庭提升幸福指数，我创办了一个家庭共生圈——养育星球。

在不确定中探寻确定的人生

人生总有起落，没有人能预知明天。在不确定的未来，只有坚定信心，才能化解困境。

大学时，我是不断被推上学校舞台的闪耀的学生；2009年，成为学院唯一受邀到台湾世新大学交流的学生。

然而，毕业工作后，我却遇到了瓶颈。于是，我转战硕士研究生考试，备考了三年，才终于考进了云南大学图书馆学专业。幸运的是，我在那里遇到了一位超牛的导师，一位国家图书馆博士后。

毕业当年，我遇到了终身伴侣，一位海军军官，聪明绝顶的才子。我嫁给他，成为一名军嫂，随军去广东。在广东，我走进了国内公考培训行业的头部教育集团。

在这个教育集团，想拿到一个科目的讲师资格要经历一个半月的军事化封闭培训，通过考核的老师们都会脱层皮。而我，入职半个月后，经过培训和各种淘汰赛，成功突围，成了华南地区精英师资队伍的一员。随之而来的是一直处于高强度的集中式培训，每天工作 10～14 小时，培训学习、讲课、比赛等一个接着一个……半年后，我拿到了 5 门课程的授课资格。

是金子总会发光。我的工作表现受到了领导的嘉奖，努力得到同事的认可，自己更获得了集团内部的参与教材编写与教研的机会等。

2019 年，我又面临着新的人生旅程，我成了妈妈。我们举家搬迁回到了家乡——江苏泰州。我在当地找了一个职业院校，成为专职教师。短短的一年时间里，我作为“优秀青年教师”代表站在了第 36 个教师节表彰大会的舞台上。

也许是上天的眷顾，在我以为遇到困境的时候，我总能旗开得胜，找到正确的人生方向；也许是母亲的高标准、高要求，父亲的言传身教和丈夫的卓越才华，推动着我不断前行。

副业变主业的探索

随着宝宝的到来，我开始考虑孩子的未来。为了能让孩子在优质的环境里成长，我开始向外探索，学习、成长、破圈。

三年时间，不管是线下还是线上的学习，从体验式学习到沉浸式学习，从公益讲座到收费课程，我都全力以赴；先后认证了美国正面管教全科讲师、国际鼓励咨询师、高级阅读指导师、高级家庭教育指导师、亲子教育规划指导师等，同时在中国科学院心理研究所进修。

我的目的不是考证，而是让自己在转型的路上越来越专业，为社会提供价值。

从 2020 年 5 月开始，我每天坚持写复盘资料，曾经一天写过 4.5 万字。在不断精进的过程中，我和朋友们一起出版了一本书《好父母是孩子一生的朋友》，用自己的亲身经历分享育儿经验。

本想跟着团队一起共赴星辰大海，二宝的到来让我放慢了脚步，但有时候也免不了一些高强度的工作。在集团开展“我心飞扬”大学生培训项目的时候，我已经怀孕7个月了。还记得，在一次培训课堂上，我差点摔倒在讲台上，现场的300人都惊呆了。

2022年，我不得不离开职场，拥抱家庭，全职带娃。

全职妈妈的生活并不能让我不安分的心得以沉静，于是，我想再精进一下写作，把副业上升为主业。在丈夫并不完全支持的情况下，我走进了写书私房课的线下课堂，带着孩子的姥姥和6个月大的二宝，冒着疫情的风险，共赴武汉。课程结束，在返程第二天，因为疫情严重，我被隔离了，但我一点都不后悔。

学习结束不代表就能出成绩。刚开始，我投稿的选题是亲子沟通，想融入自己学了多年的育儿知识和专业知识，但是关于亲子的书太多了，我能写的内容不一定是对读者有价值的，经过反复打磨，我决定写亲子阅读方向的内容。

2022年8月，《让孩子成为阅读高手》的选题终于获得中国纺织出版社的青睐。于是，我开始了白天带孩子用手机语音写作、夜里孩子睡了用键盘修改并持续赶稿的日子。

2023年2月8日，新书终于上架，我在四个社群同时举行线上发布会。这一天，我就像学生上考场时一样紧张。当这本书获得了当当网"八榜第一"的成绩，刚上市两个月再次加印后，我终于放下了一直悬着的心。

考试及格，但想要获得更好的成绩，还需要更加努力。虽然成绩还在不断刷新，但保持成长还要稳定持久的努力。

阅读和写作引领的未来

月饼（大宝）出生三天后进入月子中心，月嫂就开始给他看黑白视觉卡。近五年来，我一直陪伴他阅读。我认为阅读是父母和孩子产生联结的最简单的方式。

阅读，对孩子的成长非常有帮助。很多道理讲不通，可以通过阅读传递；培养孩子的生活习惯，也可以通过阅读，孩子会用行动展示"我会"。通过观察，我发现阅读对孩子的好处还有以下几点。

第一，孩子的情绪表达到位，语言能力强。月饼很会表达自己的情绪，生气了会跟你说"我生气了"，高兴了会很乐意分享"这件事让我很开心"。

第二，孩子的生活习惯良好，行为能力出色。很多父母抱怨孩子不起床、不愿意刷牙、不愿意吃饭等生活习惯的问题，我就没遇到过，因为绘本已经提前帮助我和月饼沟通过了。

第三，知识储备丰富，想象力和创造力优秀。很多孩子在成长的过程当中，会惧怕一些"鬼神"，但月饼知道这些是不存在的，会根据已有的知识来解释这些现象的由来。

和孩子共读了3000多本书，我似乎回到了自己的童年，更重要的是，我和孩子的沟通更加深入了，涉及天文地理、物理化学、地球生命等。在不知不觉中，我们都拥有了较好的阅读习惯，到时间不看点书就会不舒服。最欣慰的是我获得了一个学会表达爱的孩子，二宝获得了一个会影响自己阅读的哥哥。

在智能屏幕时代，对孩子来说，不读书是常态，偶尔读书是抬爱，多读书是意外，深读书是中彩。阅读也许不能丈量世界，却能打开视野，帮助孩子看到更大、更好的世界，可以学习到历史沉淀下来的大智慧。

《让孩子成为阅读高手》结合了我十多年培训教学经验和多年育儿实战经验，是对自己的专业——图书馆学的一个交代，也是我送给两个孩子的珍贵礼物。我希望他们能在互联网快速发展的时代，从小培养阅读力，循序渐进地理解阅读的本质、学习阅读的方法、掌握阅读的技巧。

我用三个篇章的内容构建了整本书的体系：关于阅读能力培养的基本常识和主要问题；针对0～12岁的孩子，分析读物的价值和阅读的意义；聚焦常见的阅读场景和阅读障碍，提供提升阅读能力的解决方案。

本书的理论构建和观点都经过系统性考量，而且结合了有趣的心理学、脑神经科学实验结果。

书中的解决方案非常具有可操作性，很多对策和建议不仅注意阅读对象的区分，还在阅读材料、场景和障碍等方面进行了探讨，以帮助家长找到适合自己孩子的阅读方法和策略。我在书中列出的阅读计划涵盖了阅读主题、时间、地点、速度、书单、记录、奖励等细节，包含了明确的流程、步骤、策略、方法、活动和游戏。

猜谜游戏可以帮助孩子学习预测和推论。

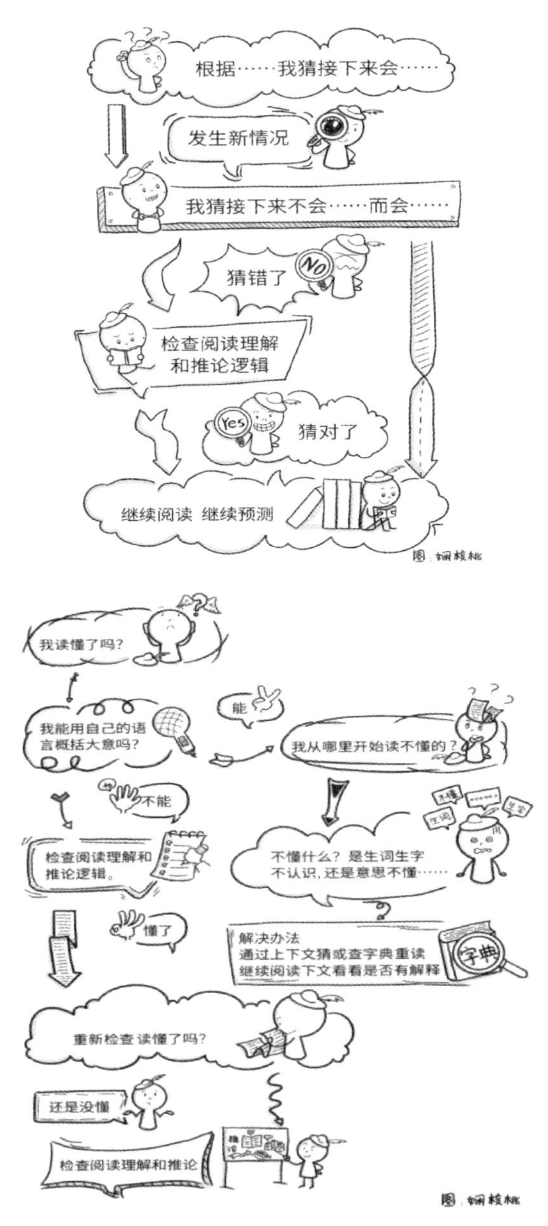

我们也可以和孩子一起绘制预测推论的表格，如果孩子不喜欢动笔，也可以用口头表达的方式。

父母可以利用监控游戏帮助孩子掌握监控技能，提升阅读跟踪理解能力。

关联游戏，一方面可以帮助孩子理解新鲜的内容，另一方面可以提升孩子的关联能力，加深孩子对所读内容的理解。

可视化游戏，将文字变成生动细腻的画面，无论是对理解还是对记忆都有极大的好处。教孩子把文字阅读可视化，是非常有助于孩子提升阅读能力的。

更重要的是，我还将阅读与写作结合起来，不但解决了阅读问题，还专门设计了社群陪读模式，为大家创建可以交流互动的线上共生社群。在这里，大家可以交流个性化的阅读问题，集思广益，相互启发。

结束语

从图书馆学专业毕业生到头部教育集团讲师、职业院校专职教师，再从全职妈妈到畅销书作者，我一直没有放弃教育，一直坚信教育是用生命影响生命的事业。

未来，期待我和你可以通过文字进行深入交流，共同创造出更多有趣、有料、有价值的内容，为世界贡献出一份美好。

周虎

DISC教练式沟通认证教练
儿童教育品牌创业者
全球知名儿童教育品牌区域课程总监

扫码加好友

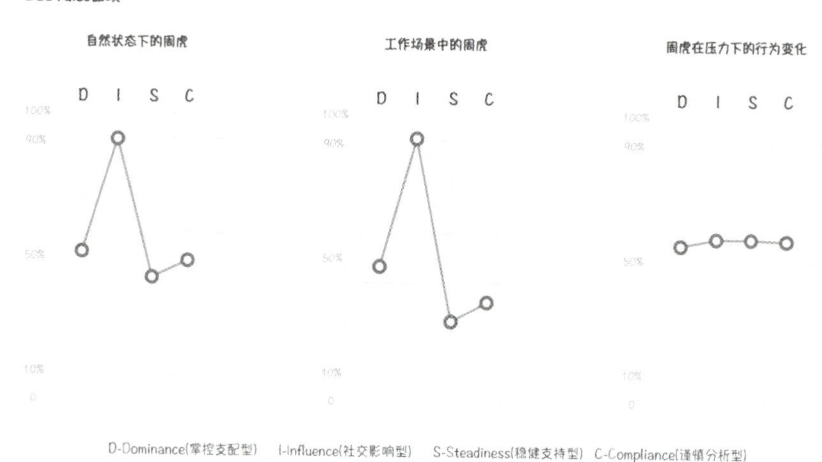

周虎的热情加上灵活婉转的沟通方式，通常能够使别人开放自己和投入参与，甚至是最含蓄的人也能受他的影响；他不会咄咄逼人，会运用魅力、说服力和微笑来努力改变敌对情境，使之变得友好；他往往很擅长处理棘手问题，愿意独立承担某项艰难的任务；他擅长说服别人，通常情况下，他能领会群体的立场、意图和需要，进而转变做事方式。

孩子的幸福童年为“摆渡”

透过洁净、通透的玻璃外墙，墙壁上“Strength（力量）”“Friendship（友情）”“Confidence（信心）”三个英文标语显得格外清晰、明亮。

两个七八岁的小女孩身披炫彩运动上衣，正坚定自信地从平衡木上一跃而起，身体像羽毛般轻盈，稚嫩圆润的脸露出纯真灿烂的笑容。

这一幕在我们的教学中心几乎天天可见。

我是“85”后的“奶爸”，一个在儿童运动教育领域耕耘了十年的老兵，深圳四家儿童运动中心的负责人。见证孩子们自由、快乐地成长，我感到无比欣慰和幸福。为孩子的幸福童年“摆渡”，是我的梦想。

同频吸引的双向奔赴

2011 年大学毕业后，我的第一份工作是在早教机构做儿童运动的相关培训，但是我在做这份工作时，看到了一些让我无比痛心的问题。这些问题无时无刻不在敲打我，让我内心感到焦虑和惋惜。

一方面，为了更好地卖课，当时市场上的部分早期教育机构的顾问利用家长对儿童成长认知的不足，故意放大或捏造问题，引发家长的过度焦虑，导致没问题的孩子被当作问题孩子对待。久而久之，孩子也认为自己有问题了。这是多么让人痛心的事。

另一方面，很多正常的孩子被爱他们的父母不恰当地下定义、贴标签，变成了大人眼中乖或不乖的孩子，本该充满色彩的童年被不科学的爱蒙上一层阴霾，无法全然享受本该有的幸福童年。

“有没有一个地方，可以帮助孩子自信、快乐地成长，为孩子的幸福童年保驾护航？”这个问题一直萦绕在我的脑海里。在那个信息传播并不发达的年代，我常常在网站和微博上寻找答案。有一次，我在微博看到了这段话：

想象这样一个地方，孩子在这里体验快乐的童年，每个星期孩子都渴望回到这里；想象这样一个地方，孩子所体验到的一切都专为他们的认知、身体、情感和社交的发展而精心设计；想象这样一个地方，自信在孩子幼小的心灵发芽、成长和飞跃，在这里每个孩子都觉得自己是很棒的！这个地方是真实存在的，这就是——小小运动馆。

这段话来自小小运动馆的创始人。我的内心有种被击中的感觉：这不就是我一直在寻找的儿童天堂吗？于是，我开启了对这个品牌的地毯式搜索。越了解，越被它的理念所吸引，简直与我内心的想法一模一样。

作为一个成立于 1976 年，遍布全球 32 个国家的国际品牌，小小运动馆刚刚进入中国两年，只在北京、上海和极少数城市开设了中心，离我最近的是隔壁的东莞中心。我想都没想，第二天直奔东莞中心，看了一圈，依旧被深深地吸引，并为深圳还没有人加盟这个项目而惋惜。

纠结许久后，我毅然决定找东莞中心的电话申请去面试。就在我打开官网往下搜联系方式的时候，“深圳蛇口中心”几个字映入我的眼帘。真的是念念不忘，必有回响。

和深圳蛇口中心的老板畅聊一个半小时后，我毅然决定加入深圳蛇口的小小运动馆。于是，就有了接下来 10 年的故事，当时的老板现在仍然是我的合作伙伴。

虽然我在小小运动馆的薪酬只有原来的三分之一，但我内心的热情和兴奋丝毫不减。但凡少那么一点纯粹，当时都有可能与这份事业擦肩而过。热爱带给我无比巨大的勇气，让我摒弃世俗观念，与惺惺相惜的小小运动馆双向奔赴。我无比庆幸当初那个带着天真和傻气的决定。

挑战语言难关的初生牛犊

入职后,我遇到的第一个超级障碍就是纯英文的培训环境。

2013 年,小小运动馆刚进入中国市场两年。所有的教案教材、器材名称都是英文的。英语本来就是我的一道坎,还涉及大量的专业术语,经过第一个星期的培训,我的头都快要爆炸了。现在看来,在热爱面前,所有困难都是战胜困难的绝佳的"养分"。

没多久,公司开始在全国中心征集志愿者翻译来自美国总部的各年龄段的原版教案。初生牛犊不怕虎,我想借着翻译的工作倒逼自己成长,同时也想更加深入地了解品牌的文化理念,所以我报名了。

没想到,这教案翻译工作的难度呈指数级增加,专业术语、口头表达、早教知识、运动词汇,完全超出我的认知范围。

这是我入职半年后,迎来的最高强度的工作。中英文的表达方式有很大差异,要翻译成中文,需要重新用中文的思维方式去组织语言。尽管如此,有时候还是找不到最恰当、精准的表达,而且官方翻译更需要咬文嚼字。

那段时间,我几乎每天白天上班,晚上翻译到凌晨三四点,第二天白天继续上班,周末也几乎把全部的时间耗在了翻译上。这样坚持了两个月,终于把翻译工作做完。

在翻译教案的过程中,我收获了最大的礼物——我对小小运动馆的教育理念和课程几乎可以眼过即懂,能更好地理解教案。以前,搞懂一个教案,需要花三四天,现在看完马上就能精准抓住核心,并能领悟背后的深意。这为我后来的职业发展打下坚实基础,也让我超越了同期进入公司的同事。

因为英语水平的不断提升,我就有机会带全是外国小朋友的班级。10 年来,我从降薪三分之二入职,到成为区域教学总监,再到合伙人以及深圳多家儿童教育中心负责人,晋升的背后,是不变的初心,不减的热爱。

见证儿童运动教育的奇迹

10 年来，我遇到了成千上万的孩子，见证了他们的蜕变。

有个 8 岁的小姑娘叫小美，她刚来我们中心的时候非常内敛、害羞，长得文文弱弱，声音非常小，而且非常敏感，比如，换个训练场地，或者稍微碰到哪里，她就会大哭起来。

几个月后的一天，她妈妈满脸欣慰、开心地跑过来对我说道："Frank，这些天小美尝试了好几件她以前一直不敢尝试的事情，她越来越大胆、主动了。带她出去玩，她会主动跟人打招呼，还会主动挑战以前不会干的事情。真的太感谢你们了。小美在这里的进步太明显了。"

小美妈妈激动地表达着，我也无比地欣慰和激动。我在乎的不是孩子学到多么厉害的运动技能，而是一个个鲜活的生命能否享受他们的人生，能否全然地接纳自己，爱自己，做自己。

我清晰地知道，当他们在全然地做自己和相信自己时，他们想要的勇气、自信、热情、奉献等等优秀的品质都会随之而来。在这个过程中塑造孩子的自信心、想象力和情感社交能力，是小小运动馆的核心理念，运动只是一个媒介而已。

像小美这样的案例，还有很多很多。每年，我们会为孩子们举办属于他们自己的赛事，我会带着他们走上领奖台，迎接他们生命中的"冠军时刻"。

随着团队的壮大和中心的成长，为了给团队和会员提供更好的服务和支持，我自己每年都会花时间参加教育行业标杆机构的学习和管理等课程。

有一次，在参加一个生命课程时，老师说："有人在 20 岁就死了，只不过 80 岁才埋葬。"当时我一愣，我联想到：**"有的人在还是孩子时可能就已经死了，不过 80 岁才埋葬。"**

如今，生活节奏快，家长都相对焦虑，喜欢攀比，容易放大孩子在成长过程中的短板，这就引发了揠苗助长或对孩子的苛责。每次看到关于儿童患有抑郁乃至产生自残自杀倾向的报道，作为儿童教育工作者的我实在是痛心疾首。

现在,我也有了自己的孩子,在培养孩子的过程中,我发现从源头上改变孩子的成长环境尤为重要,父母的教育理念一定要及时更新,不能用过去的思维教育新时代的孩子。**家长改变 1%,孩子会改变 100%**。未来,我会结合家庭教育培养父母的教育理念,真正为孩子谋得全方位幸福的童年。

结束语

这就是我从事儿童运动教育的故事。

10 年前,我还是刚毕业的毛头小子。这些年儿童教育的经历,让我在育儿道路上不焦虑,孩子也成长得健康、自信。

“幸福的童年治愈一生,不幸的童年用一生去治愈。”此生我愿意深耕儿童教育,致力于影响千万个家庭,为所有的父母提供优质的教育思想和理念,为千千万万个家庭提供更高质量的亲子教育理论知识,让每个孩子拥有幸福的童年,让每个家庭更幸福。

每一个孩子的童年,本该美好,本该健康,本该灿烂。

李叶康

DISC+讲师认证项目A18期毕业生

传世康喜品牌创始人

心理倾听师

中医康复理疗师

热爱中医、传统文化、心理学的退伍军人

扫码加好友

李叶康 BESTdisc 行为特征分析报告

DC 型

1级　工作压力 行为风格差异等级

DISC+社群 DISC

报告日期：2023年04月08日

测评用时：09分26秒（建议用时：8分钟）

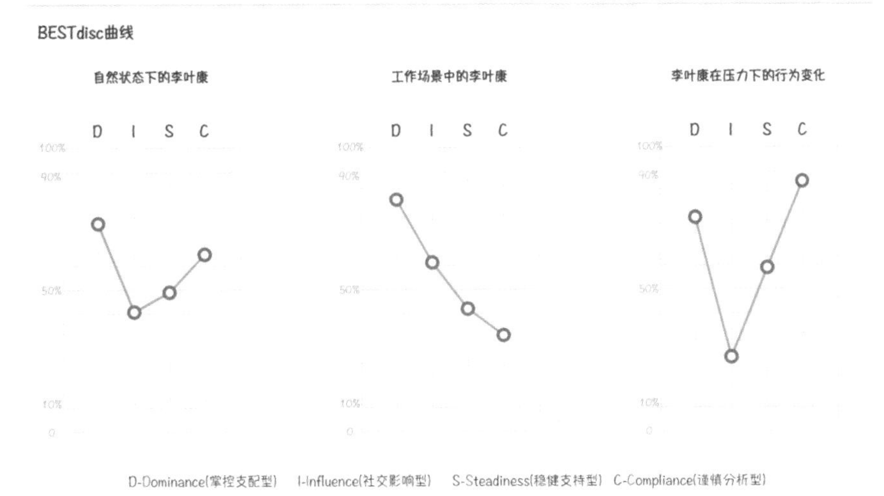

李叶康是个当机立断的主动开拓者，喜欢接受挑战、反应迅速、有创新能力；他很适合竞争、行动自由的环境；他会坚定不移地推动自己和他人为取得成果而努力，并为此带来发展的机会；在集中精力处理项目时，他灵敏而有远见，有相当强的洞察力；他善于分析与评估情境，也能客观地提出解决方案；他平时表现得自信、大方，而且组织能力相当强。

中医与文化自信

近几年来，中医慢慢地出现在互联网的视野中。

2015 年 12 月，习近平主席致信祝贺中国中医科学院成立 60 周年，他讲道："中医药学是中国古代科学的瑰宝，也是打开中华文明宝库的钥匙。当前，中医药振兴发展迎来天时、地利、人和的大好时机，希望广大中医药工作者增强民族自信，勇攀医学高峰，深入发掘中医药宝库中的精华，充分发挥中医药的独特优势，推进中医药现代化，推动中医药走向世界，切实把中医药这一祖先留给我们的宝贵财富继承好、发展好、利用好，在建设健康中国、实现中国梦的伟大征程中谱写新的篇章。"

我想从我八年来学习传统文化、中医的角度和大家探讨我对中医的理解。

2015 年年末，临近大学毕业之际，因为机缘巧合，我开始学习传统文化。我学习传统文化后发现，许多人对于中华文化的了解是不全面的，而且我国的传统文化教育也是非常薄弱的。

近几年来，传统文化越来越受国人的重视，各类的机构与老师都在积极地弘扬优秀传统文化。虽然还不是很成熟，但是我相信在一批批真心为弘扬优秀传统文化、发心为民的人们的不懈努力下，我们一定会将中华优秀传统文化传承下去。

我真正认识和了解中医，是在 2018 年。因为我的新工作和中医大健康相关，于是，我开始了解中医的相关知识和发展史。在工作中，我惊讶地发现甚至有人还不知道中医能为我们带来什么。

经过调研，我发现现在人们对中医的普遍认识大致分为以下几种。

中医只适合养生调理。

中医疗效慢。

中医越老越吃香。

看中医就是吃中药。

中医就是搭脉。

其实中医不仅仅是这些。中医是我们国家的国粹之一。作为中国的国粹，中医有着非常庞大而完善的系统；作为一门学科，中医又有许多子学科。中医除了吃中药，还有针刺、艾灸、拔罐、推拿、药浴、刮痧、食疗等各种方法。

中医与亚健康

亚健康，是指人体处于健康和疾病之间并有可能趋向疾病的状态。处于亚健康状态表现为一定时间内的活力降低，功能和适应能力减退，但不符合现代医学有关疾病的临床或亚临床诊断标准。据统计，我国目前已有75%的人存在亚健康问题，88.85%的城市青年因亚健康问题而产生困扰。

中医很早就对“亚健康”有了定义，称之为“未病”。《鹖冠子》中有一个典故：魏文王问扁鹊，三兄弟中谁的医术最高明？扁鹊回答道，自己的医术低于二哥，而二哥的医术低于大哥，因为“长兄于病视神，未有形而除之”。这也就是中医治未病的由来。

中医有一句口诀：肝开窍于目，心开窍于舌，脾开窍于口，肺开窍于鼻，肾开窍于耳。意思是说，平时五脏六腑出现的反应是可以从人的眼睛、鼻子、嘴、耳朵等观察到的。

有一次和朋友沟通食疗的时候，聊到现在川菜餐馆的生意非常好，因为现在大家的口味都开始偏重了。在中医看来，口苦、口甜、口咸、口酸等等都反映了不同的身体情况。所以，喜爱美食的同时，也要时刻关注自己身体的变化。

我的父亲死于肝癌晚期。要强的他从来不会说身体不舒服，甚至也不去做体检。他非常喜欢喝酒，平时身体看着也非常健康，说话中气十足。等他出现了很多严重的病症时，他才被说动去医院检查，检查的结果是肝癌晚期。

人体内最辛苦的器官就是肝脏,它是身体器官中的劳模,无时无刻不在工作。别的器官“累了”“困了”,都会对身体发出信号,但是肝脏不会,它会一直带病工作,直至损伤到90%或者以上,才会发出警告。有人说,我心疼、肾疼、胃疼,但没有人会说我肝疼。肝脏出现损伤时,疼痛的部位不是肝脏,而是身体的其他部位。这也是大部分肝病患者就医不及时或者治疗时间被耽误的原因。

大部分人其实不会去系统学习医疗领域相关的知识,所以不了解自己的身体情况。等疼痛出现,再去就医,很可能来不及了。

《黄帝内经》云:“是故圣人不治已病治未病,不治已乱治未乱,此之谓也。”可见中医是可以为我们的健康做许多事情的。

我的一位叔叔,患糖尿病几十年了,非常严重。机缘巧合之下,他遇到了一位老中医,经过三年的调理,已经可以脱离药物了。他积极地调整生活作息和饮食,现在恢复得非常好。

我身边的许多案例表明,用中医的组合疗法可以治疗或解决很多健康问题,所以我衷心希望,大家能认识中医并且从中受益。

中医与心理问题

2021年9月发表的《中国抑郁障碍患病率及卫生服务利用的流行病学现况研究》称,中国约有41.1%的抑郁障碍患者共病其他精神障碍,其中29.8%的患者共病焦虑障碍,13.1%的患者共病物质使用障碍,7.7%的患者共病冲动控制障碍。

2021年,中国科学院心理研究所发布的《中国国民心理健康发展报告(2019—2020)》显示,2020年我国青少年抑郁检出率为24.6%,重度抑郁为7.4%。这两组数据可以看出,心理健康问题亟须全民重视。

《黄帝内经》云:“精气并于心则喜,并于肺则悲,并于肝则忧,并于脾则畏,并于肾则恐,是谓五并,虚而相并者也。”说明身心健康是一体的。

借助老祖宗的智慧——中医来调养未病，用健康的身体来承载健康的情绪，在当下是有一定的积极意义的。人健康了、快乐了，社会也会越来越好，祖国才会越来越昌盛。

结束语

中华文明有几千年的文化沉淀与历史，中华文明这座宝库时刻等待我们去挖掘，中医则集合了文化、科学、哲学、医学，是中华文明的瑰宝。

我们既要正视中医，传承中医精髓，更要文以化人、文以载道，让中华民族的优秀文化走出国门。

学习中医，是为了让中医能够真正帮到大家，我创立了传世康喜，希望在传承与发扬中医的过程中，让更多人受益。

第四章

不退缩的人生，才会看到光芒

PayPal 现任CEO丹·舒尔曼在深度访谈节目中说："One of the lessons that I have learned in martial arts is that standing still,is asking to be hit."（我从武术练习中学到的精髓之一就是，站着不动就意味着挨打。）

施琴

DISC+讲师认证项目A17期毕业生

领导力教练

职位转型导师

扫码加好友

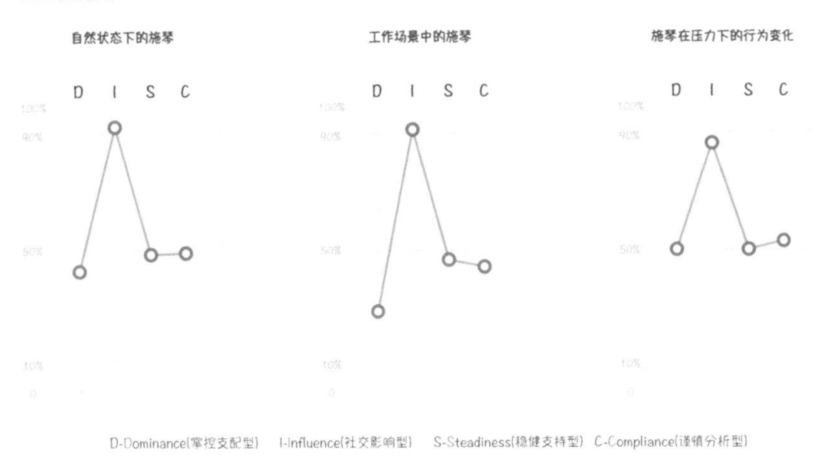

施琴善于人际交往，而且非常乐观向上，她能够读懂各种群体的心理，知道如何去影响他们；她喜欢专注于外在世界的人和活动，把精力和注意力集中于外部，从跟别人的互动和行动中获得动力；她既可以是鼓舞人心的领袖，也可以是忠心耿耿的追随者；她从来不会试图掩饰自己，不伪装，总是以真实面目示人。

行无止境

2022 年 12 月 16 日，当我走出陆家嘴金融服务中心大楼时，夕阳洒在往日喧嚣无比，此刻却寂静无声的东方路上。从办公楼到浦电路地铁站，过去 10 年，我每天来来往往只要 5 分钟，那天我却走了整整半个小时。

刚到地铁口，便收到小米发来的短视频，是上一个月公司职场日大咖秀的海报集锦。在视频里，我在侃侃而谈，身后的海报标题特别醒目：Never stand still（行无止境）。

“Never stand still”来自 PayPal 现任 CEO 丹·舒尔曼。他在美国的一档深度访谈节目中说：“One of the lessons that I have learned in martial arts is that standing still, is asking to be hit.”（我从武术练习中学到的精髓之一就是，站着不动就意味着挨打。）

在职场上，哪有什么成功秘籍，唯有行无止境。

跨界转行：梦在高处，亦在手中

20 世纪 90 年代初的上海，平均月工资在 500 元左右。我当时在大学做讲师每月的基本工资是 650 元，同时有两份兼职：给台湾私人老板当秘书，以及教老外学中文。

当时，每月将近 2000 元的收入已经相当可观，但如同每个初入职场的人一样，我也有一段迷茫期，总觉得眼前的生活不是自己想要的，但又讲不清自己到底想要什么。

一个偶然的机会，我参加了一场关于潜能开发的培训。那是一个关于成功学的培训。那一天的培训，完全颠覆了我对培训课程的认知，看到了象牙塔以外的另一个新世界。

“对于一个年轻人来说，一份稳定的工作往往是一种囚禁和变相的慢性自杀!”

“销售不是简单的卖产品，而是卖自己。你想证明你的优秀吗？做销售是最直接的证明，销售的价值可以直接用结果换成果!”

“除非你的知识能直接换来财富，否则就无法证明你的才能!”

现在听来，这些完全是大空话，但对于那个时候的我来说，这些话简直让我醍醐灌顶。于是，我萌发了要改行做销售的念头。当晚，我在《文汇报》的中缝广告栏里发现了一家高尔夫俱乐部在招聘业务代表的信息。我连夜写了简历，第二天发出了人生的第一封求职信。

没想到，这封信改变了我的命运，我这个由国家包分配的大学教师走上了一条自我谋职之路。

凭着我大学讲师的经验和口才，结合刚刚参加的潜能开发培训课程里学到的一些营销概念，我现学现卖的那份自信竟然打动了面试官，在 28 个候选人中脱颖而出，毫不费力地拿到了这个职位。

这份工作不需要全天在公司坐班，每天只需要参加晨会和夕会，其他时间自己寻找客户。所以我依然保留着学校的工作，也没有放弃兼职秘书和家教。盘算着反正有三个月试用期，万一不能转正，也不至于鸡飞蛋打，留个退路也是一个保障。

我每天骑着自行车从上海西区穿越整个城市的腹地到达大连西路。在外白渡桥上来回奔命一个月后，我迎来了试用期的第一个月度业务会议。

会议上，同事们都在分享自己潜在客户的情况、遇到的问题，以及如何处理客户异议。我除了一颗雄心，颗粒无收，不仅没有现成客户，连一个潜在客户都没有，更加糟糕的是还提不出任何问题。

老板是一个从美国留学回来的台湾人。那天，他把我叫到办公室，问了下面两个问题：

要是你自己有钱，你会买我们的会员卡吗？为什么？

假如我现在就是你的目标客户，你给我两个必须买卡的理由。

他要我回去认真想明白，第二天给出书面回答。如果答案不能让他满意，就不需要等到三个月试用期结束，直接就可以离开了。

那一刻，我真正意识到，当我进入职场，就再也没有了学校里的安逸和保障，从此不仅要让老板满意，更要有可以让自己站稳脚跟的实力。我辗转反侧了一个晚上，无论如何都不能接受被提前辞退的结果。

第二天一早，我没有直接提交书面答案，而是去做了两件事：向学校院长提出了停薪留职申请；给老外学生芭芭拉上最后一堂课，然后再帮她找一个家教。

芭芭拉在新虹桥大厦的一家瑞士银行上班。那天我和她约在她的办公室上课。坐在她位于二十几层高楼的办公室里，像往常一样，我们一边喝咖啡一边用中文聊天，窗外阳光明媚。

我犹豫着要不要真的放弃这一小时 10 美元的机会。芭芭拉看出我欲言又止，最后我如实相告。她那双像波斯猫一样的眼睛瞪得又圆又大："你疯了吗？你要放弃大学讲师的职位，去卖高尔夫会员卡？我没有听错吗？"

我告诉她，我最大的梦想是像她一样做个公司白领，我需要更广阔的世界。或者我真的很想证明，我值得更大的舞台。我有点语无伦次，也许这些话是说给自己听的，但她似乎听懂了，并祝我好运。那天晚上，我在日记中写道：现在已经别无选择，只剩下一条路可走，三个月必须通过试用期。祝我自己好运。

在写下这篇日记后的第 40 天，我卖掉了第一张价值 3 万美元的会员卡。此后，我每周开一单，试用期三个月总销售额 10 万美元，成为全公司业务成绩第一名。

三个月的试用期，我做对了两件事情。

第一，当同事们还在扫楼（挨家挨户敲门索取联系方式）或者打黄页上的电话找客户时，我去了图书馆，详细了解高尔夫运动和它潜在的价值，以及未来的发展机会，然后花一周的时间写了销售文案。

两年后，当我在悉尼上市场营销课程时，竟然发现我的高尔夫会员卡的销售文案里有4P营销战略的思路和SPIN顾问式的销售技巧。

第二，在了解了高尔夫运动的发展背景后，我锁定了4个潜在客户群：日本人、韩国人、外企的老外们，还有从国外回来的上海人。在每天的业务晨会上，我站在公司会议室的讲台上侃侃而谈，和伙伴们一起进行角色扮演。

行之有效的销售文案和精准的目标客户，是我销售成功的关键，我也很感谢自己坚持不懈的努力。

有一次，在和一个韩国客户电话沟通时，他正在给他的销售团队开晨会。后来才知道，他听着听着就开了免提，把我的销售话术变成了给他的销售团队的免费示范和现场演示。最后，虽然这个韩国客户自己没有买卡，但是他推荐了一个有效客户给我，并把我带进了他们的社交圈。

在和一个日本客户沟通时，我找了会说日语的同事帮忙做翻译。前后沟通了五六次，最后一次，客户听完日语介绍，直接用中文和我说："你用中文给我讲一遍为什么我需要这张卡，10分钟时间。"

那一刻，我真是悲喜交加，我竟然不知道他会讲中文，浪费了那么多时间。最后他不仅成了我的第一个客户，还邀请我加入他的公司。

他后来告诉我，我最打动他的是我对同事的现场辅导，他不仅看到了我成为一个优秀销售的潜质，还看到我如何与同事配合，如何指导同事制订销售方案。

我当然没有跳槽。三个月后，我终于在这家公司站稳了脚跟。蝉联了五个月的销售冠军后，我被晋升为销售经理，带领20个人的团队。我仅用不到一年的时间实现了从专职讲师到专职团队经理人的角色转变。

挑战自我：贵人相助，一切皆有可能

海伦是我移民澳大利亚后第一份全职工作的老板。那天电话里通知我去面试时，她说："顺便说一下，明天下午我一直有空，万一路上不顺利，迟到也没有关系，不要着急。"这一句话让我对于这份工作充满期待。

"作为市场部助理，这个月你还需要帮忙接电话，因为前台的丽娜小姐休假还没回来。”当海伦结束面试，告诉我这一要求时，我出了一身冷汗。我的英文水平，是肯定过不了听力关的，但我当时真的很需要这份工作，我答应下来，自己都不知道这是哪里来的勇气。

这份勇气，让我经历了历史上最尴尬的接电话经历。

我：“Morning, Stella speaking.”(早上好，我是施黛拉。)

客户：“Good morning Stella, this is john.”(早上好，我是约翰。)

我 ：“Sorry, John is not here.”(对不起，约翰不在。)

接完第一个电话，我浑身是汗，我根本听不到客户说话，因为过于紧张，完全乱了方寸。隔着玻璃坐在另一个小房间的海伦走过来，一手轻轻地拍了我一下，一手很自然地把电话线切到了另外一个同事那里，然后对我说：“Stella，对不起，我忘了你是一个外国人，你应聘的职位不包括接电话。假如你不介意，我可以帮你找个私教训练你的接电话技巧。”

于是，在接下来的每周二下午 2 点至 3 点，海伦先开车把我从公司送到她家上课，煮好咖啡再去公司为我代班。上课结束，她让家教再把我送回公司。她还让人整理了一份客户名单放在我的桌上并写了张小字条：等你熟悉了这些客户名字，再接电话时，一切就会变得不一样了。

果然，两个月后，我已经可以在电话里和客户谈笑风生了。我也从市场推广助理做到了销售助理，后来直接负责新西兰和新加坡的业务线。我在这个公司一干就是三年。

离开时，海伦冒着大雨从悉尼博物馆的展会离开，赶来送我：“我一直知道你总有一天要回上海，祝你好运。”

看着她那双褐色的眼睛，还有那一头金发，我想起了芭芭拉。她俩长得一点都不像，但彼此之间有种莫名的相似，她们都祝我好运，她们对我有一种无条件的信任。遇到海伦真的是我一生的幸运。

我重新回到上海。当我组建团队时，当我面试新员工时，当我看到同事犯错时，当我给员工培训时，我都会想到海伦。

领导者可以有各种不同的风格。我希望自己可以成为海伦那样的老板。

坚持初心：你若盛开，清风自来

PayPal 是我职业生涯中服务最长的一家互联网金融企业。10 年前，为了加入这家公司，我前后经历了 7 轮面试。

当时还有另外两家企业也在我的甄选名单中，单就职位和薪水待遇以及团队规模而言，PayPal 是最没有优势的，然而这 7 轮的面试帮我做了选择。来自 7 个不同部门的总监分别问了两个完全相同的问题，貌似很普通的问题，但对我意义非凡。

问题一：你完全没有行业背景，你为什么有信心可以胜任这个职位？

问题二：你有什么好的建议——如何说服一个从没到过中国的“老美”接受一个本土化的建议？

这两个问题背后折射出的企业文化是：对个体的尊重，对不同的尊重。一个金融互联网企业最推崇的企业文化竟然是人文关怀和多元化，我终于找到了可以成为海伦那样的老板的企业。

这种面试者与应试者的平等关系，让我异常兴奋并超常发挥。具体怎么回答的我已经记不得了，但我记得当时我的侃侃而谈赢得了面试者的共鸣。谈笑风生的氛围实在太好了。

入职 PayPal 的这 10 年里，我也招聘和面试过无数新人，不管是一线员工，还是主管领导，哪怕是实习生，我都会亲自面试。面试过程是最能体现面试者的自我修养和价值观的，它真正考核的不是应聘者，而是面试者本人和所代表的企业。

重新出发：逐梦前行，解密 DISC

在我收到小米发来的职场日大咖秀的小视频的一周后，我同时收到了三封电子邮件。

第一封是表扬信，来自公司职场日项目组；第二封是团队重组通知，告知所有受影响的同事名单，包括我自己；第三封，朋友告知 DISC+讲师认证项目 A17 期的开课通知。

这三封电子邮件同一天出现在我的手机里，我想，这一切都是最好的安排。

我在 PayPal 的 10 年，前后做过 200 多场培训和演讲："西点军校的执行力""情景式领导力""转型中的领导力""情商力""高效教练术""SPIN 销售模式""有效激励""如何打造高效又人文的企业文化""如何提升职场上的个人品牌"等等。每一场都意犹未尽。那时，我就开始畅想，哪天可以改行，我就做回全职讲师。

我一直还有个愿望，希望把我这么多年的团队管理经验和心理学知识结合起来。我一直坚信，企业管理就是人才管理，人才管理的核心就是"人学"。培训不只是提供知识和技能，认识自己和认识他人比认识产品更重要，提高自我认知才能实现最后的自我成就。

"DISC 行为密码"讲师认证就这么出现在我的视线里。蓦然回首，它就在灯火阑珊处。

二十几年的职场沉浮，我从一个大学老师成为一个职场经理人，从教育培训到企业咨询，从跨境外贸到医疗健康，从酒店管理到互联网金融，在每个行业都实现了从 0 到 1 的突破。

Never stand still(行无止境)，下一站，解密 DISC 行为密码，祝我好运！

果戈

DISC+讲师认证项目A17期毕业生

创业管理副教授

曾在世界500强企业从事管理10年

国家级创新创业大赛总决赛评委

扫码加好友

果戈是一个能高效利用时间，快速行动的人；喜欢追求知识，又能传递知识；他能提出有力的主张而赢得别人的尊敬，他最擅长对情况做出客观简洁的分析，其精辟的判断和总结能够帮助团队找出复杂问题的核心所在；自信、坦率、果断，会努力达成结果和目标；尽管不是特别外向，但当他对所担任的角色感到舒适时，他是善于社交的；他能迅速地把精力集中在少数几件关键的事情上，行事随机应变。

在创业路上，遇见更好的你

我的职业生涯经历了两次重要转型，一次是从老师到世界 500 强企业担任营销代表，一次是从企业高管到高校管理教师。

在 10 年的企业管理和 15 年的创业管理教学中，我接触与辅导了大量的青年创新创业项目。现在，我想把人生下一个 10 年目标定为：助力青年轻创业和创业企业轻管理。

陷入职业发展的困惑

20 世纪 90 年代中，我从一个小县城考入师范类大学。坦白说，这不是我理想的大学，但我也不想因此而放弃自己。于是，上大学期间，我积极参加各种社团，希望锻炼自己的综合能力，曾担任过校团委会办公室主任；做过记者团团长、校团刊主编；还作为市学联通讯社记者，采访报道过团市委的重要活动等。

当时，大学毕业是包分配的，大部分同学被分配到了乡镇中学，只有少部分同学留在县城中学。而我，以专业排名第二的成绩被分配到省会城市担任老师。

那个时候的我不喜欢当老师。我不是一个循规蹈矩的人，我觉得毕业后一直在学校待着，这样的人生太单一了，我想去看看象牙塔外的世界。于是，我大胆地做了一件让家人和同学们都目瞪口呆的事情：辞掉老师的工作，进了一家企业。

那是一家世界 500 强企业，主营业务为国际物流。因为专业不对口，我只能应聘对专业要求没那么高的业务营销岗位。

在后来的一次聚会上，当时的领导说："那么多面试的人中，小陈的口才最好。"这是我在大学期间活跃于各个社团锻炼出来的能力。

后来，我在系统内调换了3个公司，岗位从最初的营销代表变成业务经理，再到后来的办事处经理、综合项目经理以及副总等。

在工作的过程中，有一件事情对我的职业规划有很大影响。

一位新入职的女员工，刚毕业没多久，但做业务营销工作特别厉害。她能和很多知名大客户获得初步联系，然后邀请管理层一起出面洽谈，进而拿下订单。

我很纳闷，她入行时间不长，专业也不对口，为什么这么厉害？难道是因为她长得很漂亮？也没有，她长得并不出众，甚至可以说是一般。那是什么原因让她的业务做得这么好呢？

经过认真地观察，我发现她的性格以及做事风格跟我截然不同。比如，我特别重视服务，一定要把老客户先服务好，然后才有心思去开拓新业务。但是，她特别放得下。谈完一项业务，她就不管了，马上开始第二个、第三个目标客户的洽谈工作，效率特别高。

虽然业绩不如她，但我赢得了好口碑。她的业绩虽然很好，但她的这种做事风格没办法保证服务质量，甚至会出大问题。

我是她的领导，看到这种情况后，赶紧做了一个弥补的措施：给她安排了一个工作经验丰富、特别细心的客服工作人员跟进她的业务单子，最大限度地保证服务质量。

这样看来，我和她，谁更适合做业务？显然是她。

我其实不是很适合做业务工作，至少跟她比就有很大的差距。另外，我也不喜欢太多的应酬，而且酒量一般，拼酒对于我来说是一件很痛苦的事情。

那我更适合做什么呢？我陷入了职业发展的困惑。

开启创业导师之路

在这期间，我攻读了在职硕士。

班上同学来自各行各业，有清华水利专业毕业的，有从事港口建设管理的，有在轮船公司担任总经理的，还有远洋船长等。作为班长，在研究生导师的建议下，我组织同学们轮流分享各自行业实践的案例。

我分享了戴尔公司的供应链物流项目。因为有工作经验，加上当过老师，我的分享效果特别好，导师感叹说："你不当老师太可惜了。"

我没告诉她我原来就是师范学校毕业的，当过老师，但是她的话引起了我对人生和职业规划的重新思考：我是不是更适合当老师，特别是实战型的管理类大学老师？

于是，我朝着这个方向做了相应的准备工作。一段时间后，幸运真的向我招手，我遇上一个很好的机会，我以教师的身份重返大学校园，承担管理类专业的教学工作。

因为有 10 年的企业管理实践工作经验，再加上我与众不同的授课风格，我受到学生的普遍欢迎，多次被评为"最受欢迎的好老师"。

2014 年，我主编的第一本专业书籍，由电子工业出版社正式发行，被多所高校选用为教材，并且连续加印 20 次以上，成为该领域的畅销书，同时还被评为福建省优秀本科教材、中国物流学会颁发的"物华图书奖"、中国物流与采购联合会颁发的"宝供物流奖"、福建省政府颁发的"社会科学优秀成果奖"等。

2016 年，我主编的第二本专业书籍，由清华大学出版社出版发行，被浙江大学、华南理工大学等多所"985 高校"选用作为本科教材或 MBA 教材，2022 年荣获中国物流学会颁发的"物华图书奖"二等奖。

同时，我利用业余时间从事企业培训工作以及参与管理咨询项目，还参与了微软中国 ERP 的供应链物流行业解决方案项目。后来，我获选担任福建省企业管理咨询协会副会长。

我一边努力适应大学的教学任务，一边积极参加各种拓展性学习以及专业论坛等，不断提升自己。

在一个经济专业论坛上，复旦大学经济学院原院长演讲时提到，未来几年，中国的传统企业如果没有转型升级，随着人工成本的不断上升，将会有40%左右的企业倒闭。社会发展需要大量的创新，包括技术的创新、服务的创新、产品的创新，以及商业模式的创新。

现场不少人觉得这句话有点危言耸听，但是我信了。经过较多的跟踪研究后，我发现这个预测是很有可能发生的，未来会出现大量的中小型创新创业企业，于是我开始准备创新创业的学习与研究。

我找到了学校创新创业的部门负责人，向她提出由我来上创新创业基础公选课。当时，这个课程主要是由一些辅导员或者行政岗的老师来上，比较少由专业课老师来上，我主动申请，让她感到很诧异。

于是，我开启了创新创业的相关教学与研究之路。利用大量的业余时间进行业务的钻研；参加校外各种创新创业论坛，观摩创业企业项目的投融资路演；积极参加相关政府部门及社会组织的各种创新创业公益活动等。

在这近十年的时间里，我接触及辅导了大量的青年创新创业项目，累计指导了上千个项目，其中多个创业项目获国家级奖项以及“创业之星”称号等。我担任了省人社厅、教育厅、市人社局、市妇联、海西创业联盟等政府部门或组织的创业导师，同时也是多个国家级创新创业大赛的评委；成长为一名金牌创业培训师，以及知名创赛辅导专家。

在此基础上，我也开始跨行业的培训，比如，给连锁经营协会的高级经营师培训，负责物流协会的供应链管理培训，为家庭服务业协会开展企业内训师培训等，并获得跨行业的学员及企业的好评。

名师指路，跨越山丘

在这个过程中，我一直觉得时间不够用，恨不得自己有三头六臂。

2023 年的春节，一个偶然的机会，我到广州参加了一场培训——知己解彼的 DISC 沟通技术。听了海峰老师干货满满的思维分享,以及现身说法的案例,我豁然开朗。

除了时间管理方面需要进一步改进提升以外,还有一个重要原因是自己的格局不够大、境界不够高。我发现了一个认知上的差距与问题:我的 I 特质和 S 特质比较低,尤其是 S 特质更低。按照 DISC 行为模型的分析,D 特质和 C 特质主要关注事,I 特质和 S 特质主要关注人,而在这个方面我的能力就比较弱。

反思自己的过往,我做事比较喜欢留一手。比如,前面提到的两本畅销书,被全国两百多所高校选作教材,我自己也两次获评出版社优秀作译者。但是想写第三本,却一直没时间写出来,总感觉有一堆事情等着我去做。

学完 DISC,我发现自己不太站在别人的角度考虑问题,比较少考虑如何去支持别人、如何去成就别人。另外,也总喜欢把自己的"看家本领"留着。这样的情况下,我能够得到的助力其实不多,更关键的是,因为时间不够,我也做不了太多有价值的事。

企业管理里面有一句话:"钱散出去了、人就聚集了,钱紧紧地抓在手里,人就散了。"道理以前好像也听过,透过 DISC 专业的测评报告,我进一步明白自己的不足,我也找到了为什么没有更大的影响力、为什么吸引不了更有能量的人跟我一起做事的原因。

打开格局,才会更有力量。不是因为很厉害,所以可以帮助很多人;而是因为真心地去帮助很多人,才会变得更厉害。

海峰老师的分享,对于我来说,最深刻、最令我豁然开朗的一个点就是:接下来,努力争取成为一个有能力做别人的贵人的人,做一个支持者。

人生发展有这么几个阶段:一是努力成为自己的贵人;二是遇到贵人,助力自己的成长;三是成为别人的贵人;四是影响更多人成为贵人。

虽然目前我还在第二阶段,但是可以先打开格局,改变思维与认知。套用一句话,你是谁不重要,你想成为什么样的人很重要!

结束语

我受启发开始思考一个问题：如果不需要考虑收入的问题，不需要考虑生存的问题，我最想做什么？有什么让我怦然心动的事情？我思考了很久，发现没有太多特别心动的事情。但是，有一件事情我觉得特别有意义，特别美妙：

一方面，有很多大学生毕业后，因为各种原因承受着较大的生活压力，需要在收入上有所提升。我是否可以帮助更多的年轻人拓展新模式或者新商业创业？让他们可以通过多种渠道来增加收入。

另一方面，随着人工成本的不断上升，企业的管理难度、管理成本越来越高，企业组织会发生比较大的变革，未来会有大量的个体组织存在。这非常值得我花费更多的时间继续深入研究以及实践，去帮助更多的年轻人实现新商业创业。

而部分创业者可能成长为有一定规模的创业组织。他们在成长过程中需要各种管理支持，让创业企业实现低成本、轻资产、低风险的轻管理，具体涉及企业业务增长、组织变革、薪酬与股权激励、风险管理等。

如果若干年后，有较多的毕业生或创业青年愿意感谢我，愿意经常围着我聊天，那就是一件最幸福的事。

未来的日子，我将致力于助力青年轻创业和创业企业轻管理。我要努力成为“高校教授中最懂中小企业、创业者中最具理论与宏观视野”的轻创业商业顾问。

愿创业路上，遇见更好的你！

江涛

DISC国际双证班第28期毕业生
高管教练 | 创始人IP教练华南合伙人
ICF认证PCC专业教练
“帽子教练涛姐”主理人

扫码加好友

江涛 BESTdisc 行为特征分析报告

SD 型

0级 无压力 行为风格差异等级

DISC+社群

报告日期：2023年04月08日

测评用时：15分09秒（建议用时：8分钟）

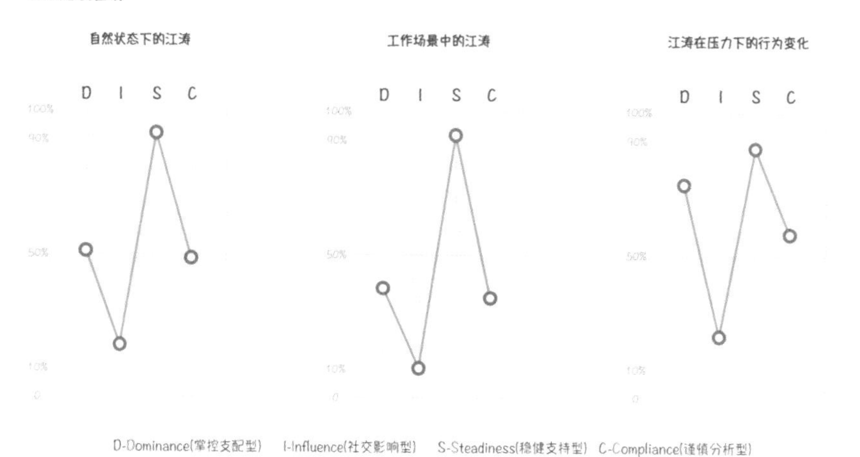

江涛在处理事务时，深思熟虑、行事稳重、细致周到和有耐心，会对自己或他人设置高标准和期望；通常情况下，她会以自我克制，而且切实可行的方式来开展工作；她很擅长处理棘手问题，愿意独立承担某项艰难的任务；在做出判断和行动之前，她都会评估可能会带来的后果；一旦开始了任务，她会尽责且忠心、坚持不懈地完成任务；在沟通风格上，她沉静而含蓄，处处希望顾及他人的需求和感受。

人生的下午场，勇敢地登上第二座大山

光阴如梭，岁月匆匆。不知不觉中，我已经过完了四个本命年，开启了"5"字头的人生。2023年的3月9日，是我50岁的生日。人生过半，新一轮的生命之旅即将开启。

德国心理学家卡尔·荣格问过自己一个问题："人生的下午到底是早晨可怜的附属，还是它也有自己的意义？"他的答案是后者："成长和实现自我的最大机遇，存在于人生的下午场。上午的太阳把光芒洒向大地，下午可以把光芒收回，洒向自己，照亮自己和他人。"

"人生的下午场"，就像下午三四点的太阳，洒在身上暖暖的，柔柔的。树上结着金黄色的累累硕果，四周还有淡淡的青草味和野花香，远处传来啁啁啾啾的小鸟叫声，和三五好友围坐，沐浴着徐徐清风，喝茶聊天，云淡风轻。

"人生如逆旅，我亦是行人。"假如前50年的人生旅程，是命运之神送给我的一份珍贵的生命礼物，轻轻地打开这份礼盒，会看到什么呢？在"人生的下午场"，我又会活成一个怎样的人呢？

人生中途，步入一片幽暗森林

但丁在《神曲·地狱篇》写道："在人生的中途，我步入一片幽暗的森林，因为正确的道路早已晦涩难明。"那一年，他正值35岁。

39岁，在旁人看来年富力强、大有可为的时候，我却遭遇了人生以来最困惑、最幽暗、最抑郁的一段人生经历：得了抑郁症，伴随中度焦虑症，需要

长期服药。

为了追求所谓“更好的生活、更成功的人生”,2000 年,我离开北京的家,离开不到 10 岁的女儿虫虫,离开熟悉的财经媒体工作,独自一人义无反顾地“空降”到上海,期待在陌生的都市闯出一片新天地。

新的工作是在一家刚在上交所上市不久、当时的实力和规模均位居业内龙头地位的金融信息服务机构,负责投资者培训,帮助投资者树立风险意识及理性投资理念,提升他们规避风险、稳健盈利的能力。同时,我还负责推广普及始于海外基于大数据程序化交易的量化投资。

在公司领导的支持下,在与新建团队共同的努力下,我策划并邀请了有“环球投资家”之称的吉姆·罗杰斯的中国行系列活动,在上海、北京、长沙等城市巡讲,有近千人参加;筹建了国内第一本《量化投资》月刊,担任主编;筹划了“量化投资”系列丛书,在机械工业出版社出版。

在上海打拼两年后,尽管外在看来光鲜亮丽,但我总觉得毫无成就感,工作屡屡受挫,就好像被无形的墙困在中间,左冲右突找不到出路。上班的路上,在等红绿灯的时候,经常会胡思乱想:假如天上突然掉下来一枚巨型陨石,我不幸被击中身亡,一了百了,该多好啊。

2012 年夏天,远在北京的丈夫感觉到我的状态不对,极力劝我去上海精神卫生中心做个检查。专家告诉我,我得了抑郁症,伴随中度焦虑症,需要长期服药。我如五雷轰顶,不敢相信这是真的。

更想不到的是,抑郁症这条“黑狗”竟然纠缠了我长达数年之久。病情严重时,感到命运之喉被越缠越紧,几乎无法呼吸,甚至也曾经想过结束生命以求得解脱。

在漫长的治疗过程中,我吃药、好转、停药、复发,继续吃药、好转、停药、复发,再接着吃药、好转、停药、复发……

康复似乎遥遥无期。上海的知名医生给我的诊断从中度抑郁到重度抑郁,眼看我的状态每况愈下,2013 年 12 月初,丈夫建议我回北京安定医院检查。

通过诊疗,医生说我得的并不是普通的抑郁症,而是“双向情感障碍”,

俗称躁郁症，之前吃的药物需要调整。他问我："你是否有自杀的念头?"我老实地回答说："有过。"他建议我马上住院治疗。

在安定医院住了半个多月后，不希望自己在医院度过新年，在2014年元旦即将到来的时候，我申请出院。医生特别告诫我，这次一定不要擅自停药，否则多次反复之后对身心的伤害会很大。

我也曾看过一份资料，说是抑郁症复发三次以上的患者，90%以上的人都需要终生服药。难道这就是命运之神在我"四十不惑"时送给我的生命礼物吗？我有可能成为那些可以不用终生服药的例外吗？

思前想后，既然不能自行停药，那么换一个生活环境，减轻一些工作压力，会不会减轻症状呢？而且我"京漂+沪漂"近20年，是不是也到结束漂泊的时候了呢？

于是，2014年4月，刚刚过完41岁生日的我，终于做出全家离开北京、回到广西南宁工作和生活的艰难决定。

中年失业，重新出发

我是广西媳妇，南宁是我丈夫的家乡，彼时公婆已将近80岁，公公还患有二十多年的糖尿病。回家多陪陪老人，让老人多享天伦之乐，未尝不是一个好的决定。

没想到，要找一份合适的工作，却成了回到南宁后横亘在我面前的第一道难关。

且不说收入水平的大幅下降，作为一位已经40多岁的中年女性，哪怕曾经在国内最大的财经证券周刊做过副主编，哪怕曾经策划出版过几十本财经图书、担任过丛书主编，哪怕曾经策划过数个大型国际投资论坛，似乎在南宁也找不到用武之地。

在连续投递了近百份简历如泥牛入海般杳无音信后，我断了在南宁找工作的念头，打算利用在财经媒体从业多年的记者编辑经验，尝试新媒体创业。

2015年上半年，我创立了“乐趣投资”多媒体矩阵，在微信公众号、新浪财经、雪球财经、和讯财经、喜马拉雅电台等多个平台同步更新，希望让投资成为一件有乐趣的事情。

然而，创业是一条孤独而艰辛的路。经历了初创团队的解体、内容定位的摇摆、不同平台的读者画像不清晰等阶段后，我最终确立了以牛人访谈的方式，探索驱动这些牛人成功背后的特质、故事以及萃取出来的人生经验和智慧。

因为对人有极大的兴趣，我很好奇这些看似平常、实则卓越的牛人的背后，到底是什么让他们取得非同一般的成就？

恰巧，2016年年初，在朋友圈看到一则关于DISC国际双证班的招生文案，说是可以帮助人更好地知己解彼、成人达事。我心动了。4月下旬，在北京柳絮满天飞舞的春天，在德胜门附近一个古雅的四合院中，我遇见了海峰老师和任博老师，成为第28期的学员，也开启了一段不断投资自我、不断滋养自我、不断进化迭代的旅途。这是我第一次花数千元买课。

经过DISC专业测评，从行为特质上看，我是一个高S特质（支持型）、低I特质（影响型）的人，也就是人们常说的“老好人”，总是默默地支持他人，温暖他人。一旦遇到委屈，又总是忍气吞声，向内自我攻击，而不能有效地向外转移压力。长此以往，我不抑郁谁抑郁？

我似乎找到了“黑狗”为何总是纠缠我的原因。从北京回来后，我开始逐渐减少药量，内在的力量也逐渐生发。正如一个挚友经常对我说的一句话：你已经到了人生的谷底，之后无论你从哪里出发，都是在走一条向上的路。

2017年夏天，我去广州复训，一个正在学国际教练联合会ICF认证教练的DISC同学要找客户教练，积累他的教练经验，我就主动报名。他给我做的是生命意图的探索，用提问的方式，探索我生命中的辉煌时刻、低谷时刻等等，并让我从中提取关键词。

当探索到“我是一个温暖、智慧、慈悲的人”后，我突然鼻头发酸，心头一热，好像认识了另一个自己，特别想穿越时空，隔空抱抱那个抑郁的自己，对她说："涛姐，放下你的困惑、幽暗和抑郁，带着你的温暖、智慧、慈悲上路吧，尽管道阻且长，但行则将至。只要你持续前行，终能看见生命之花绽放。"

一次短短的教练对话，就能带来不一样的生命体验和新的思维视角，这也在我心中种下了一颗成为专业教练的种子，但当时还只是朦朦胧胧的感觉。

向内转，向前看

加入 DISC+社群以后，我发现自己看到了一个不同于以往的新世界，万事万物有了新模样。海峰老师就像左手举着火炬坚定前行的引路人，右手拿着一根神奇的魔法棒，不断地为我们开启一扇又一扇崭新的知识大门，积极联系并引入海内外自带版权课的大咖们。

我就像心怀好奇、走进大门探头探脑的小女孩，如饥似渴地飞往"北上广深"去上各种包班课。从 2017 年开始，我先后参加的包班课程有：美国 NASA 天文物理学部门前主任查理・佩勒林博士的"4D 领导力"、正面管教创始人简・尼尔森博士的"正面管教"、双 MCC 大师级教练 Paul Jeong 博士的"商业教练"、加拿大埃里克森国际教练中心创始人玛丽莲博士的"赋能领导力教练"等。虽然他们来自不同的国家，但有一个共性，就是他们基本在年龄上都到了"人生七十古来稀"的阶段，却并没有老态龙钟之感，依然能连续数日轻松地站在讲坛上，分享他们多年来积淀的智慧。

2018 年 6 月，在参加玛丽莲博士的"赋能领导力"课程时，我被她深深地吸引：一头金色略加灰色的短发，个子不高，身材很瘦小，但能量却很大。75 岁的她在讲台上的状态和散发出的能量，深深地打动了我，我当即报名跟她学习"教练的科学与艺术"课程。

在课堂上，讲到教练和客户的关系时，老师用视觉符号来区分：教练是戴着棒球帽的人，客户是扎着马尾辫的人。我心里暗想：以后当我做教练的时候，我也要戴着帽子，这会是我的新身份。

一开始，我并不敢去做教练。直到 2019 年年初把四个模块的课程学完之后，我才敢去找真正的客户，而且还只敢在朋友圈里小范围招募。我特别喜欢“生命之花”这个教练工具——平衡轮，还立下了“生命之花 100+”的教练目标，用一杯咖啡的价格，支持客户绽放属于自己的生命之花。

这个目标完成的速度和受欢迎程度超出了我的预期，上至 80 多岁的老人，下至 20 岁出头的职场新人，都来参加教练。除了个人版，我还做过夫妻版、情侣版、团队版(10 人以内)。有的客户还介绍家人和朋友前来。

印象最深的是在广州开民宿的一对夫妻，两人都是建筑设计师。他们并排坐在桌前，各自完成了生命之花后相互交换，在惊讶于彼此的不同之处的同时，惊喜地发现了家庭未来提升的重点。他们开心地对我说：“虽然只是刚认识，但你像相识多年的伙伴，让我们感到非常放松。通过生命之花，也能看到我们内在平时忽略的地方，以及未来可以调整的方向。”

喜悦和爱是可以传递的，看见不同的客户绽放的生命之花，我的生命之花也在不断得到滋养并绽放。已经不记得自己什么时候彻底停了药，却不再担心抑郁症复发，因为我清楚地知道，以后无论遇见什么难事，也许我还会掉入谷底，但一定会快速爬起来，快速复原。因为“向内转，向前看”的教练信念已经深入我心。

经常有人问我：“到底什么是教练?”我会告诉他们：“教练就像你的帽子，当你需要的时候，就可以找来戴上。帽子不像衣服一样需要 24 小时贴身，也不如衣物那样穿脱烦琐；帽子的功能很多，能遮风挡雨、防寒保暖、遮阳防晒，还有装饰美化的作用”。

这就像客户和教练的关系。客户并不需要教练时时刻刻陪伴在身边，而是遇到卡点或感到迷茫无助时，可以找教练支持；当希望实现新的目标而有干扰时，可以找教练支持。经过一段时间的教练陪跑后，当客户已经有足够强大的信心独立面对人生境况，就可以与教练好好道别，就像把帽子放一边一样。当我戴上帽子做教练的时候，潜意识会带我进入教练状态，让我与众不同。

于是，2022 年年底，我将公众号和视频号的名称从乐趣投资改成“帽子教练涛姐”，正式对外确认转型，在“人生的下午场”，我义无反顾地登上了第二座大山——教练。原来冥冥中种下的种子，总会在某一时刻开出神奇的花。

结束语

如果有人问我，你现在登到大山的哪里了？我会告诉他：我也不知道，这条登山的路没有尽头，当下只管享受两边的风景就好。

从我已经爬过的山头看，我实现了从个人教练到团队教练、组织教练的转型，实现了从 ACC 认证助理教练到 PCC 认证专业教练的升级。我的新目标是在 2025 年通过 MCC 大师级教练认证，这也是我即将攀登的新山峰，但这不会是终点，只是一个新的里程碑。

就如中国大陆第一个 MCC 大师级教练曹柏瑞经常说的，真正的教练不是做出来的，而是活出来的。无论外境如何，知境为心，活出那份勇气，活出那份安定，活出那份绽放，活出那份智慧和慈悲。

这也许就是命运之神在我 50 岁的时候，轻轻打开那个宝贵的生命礼盒后，送给我的生命礼物。期待一路有你同行。

张质质

DISC教练式沟通认证教练

首饰品牌DAN DREAM创始人

“90后”三孩妈妈

扫码加好友

张质质 BESTdisc 行为特征分析报告

DI 型

5级　私人压力 行为风格差异等级

DISC+社群 DISC

报告日期：2023年04月14日

测评用时：05分17秒（建议用时：8分钟）

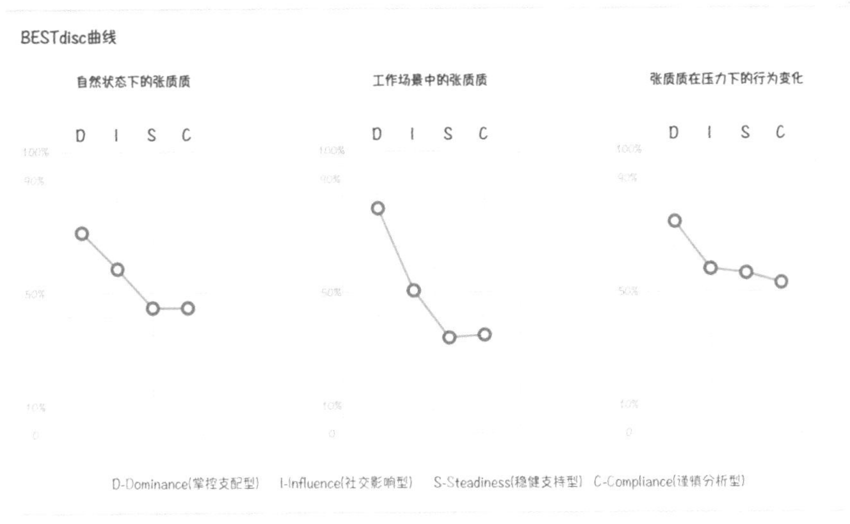

张质质是个自信、决断，富灵活性、相当有感染力的人；她非常积极活跃，喜欢主动与别人交往，喜欢变化；没有人会质疑她独立工作的能力，以及独立承担艰巨任务的决心；不论开展何种业务，她都希望能以友好的方式去推介自己的想法；在大多数情境下，她都能保持专心聆听，接受信息，而且会可靠而周到地提供反馈；在合适的时候，她会清晰而自信地表达自己对事物的看法和建议。

唯爱可以给人力量

2021年1月的初春，刚刚做完一场活动，我和丈夫开车往公司走，阳光带着一丝温暖从车窗外透进来。看着窗外不断后退的树，我突然扭头跟他说："创业一年多，我第一次感觉我有资格活了！"说完，眼泪就不听使唤地流了下来……

作为一名"90后"三孩妈妈，每天睁开眼就是三个孩子，生活完全被填满了，但是我仍然在坚持创业，这究竟是为什么？

一个好妈妈不能没有自己的事业

我，出生在河北一个贫困的小山村。

7岁开始就要承担几乎所有的家务，还没灶台高的我，每天早上6点多就要起来，做一家人的早饭。放学后，回到家也要先忙完家务，才能有时间写作业。

人生第一次走出县城，是参加了三次高考后，我终于考上大学。在大学里，我第一次知道"赚钱是要靠脑子而不是靠体力的"。大二那年，开始自己办培训，暑假一个月的收入，比我妈给别人锄草干一年农活的还多。

我没有贪恋暑期培训带给我的收入，我感觉我需要更大的舞台去实现自己。毕业后，我义无反顾地选择"北漂"，和两个朋友蜗居一个8平方米的小房间里。当时，我的实习工资只有1000元，而一个月的房租就要800元。那个时候，北京的地铁刚涨价，我舍不得坐。为了省下8元钱，我宁可多走30分钟去坐公交。

2014年的北京，是遍地机会的北京，是“大众创业、万众创新”的北京，也是这一年“双十一”，我因为成功执行了一场曝光量达1000万次的微博活动在公司一战成名，同年被公司合伙人选中进入大热的股权投资领域，一年多时间筛选了2000多个项目，帮助10余个项目融资超过3000万元，多次担任了北大创业大赛导师。

26岁，我的人生到达了光辉时刻，在一家2000多人的上市公司，做最年轻的高管。正当事业蒸蒸日上的时候，我结婚、怀孕，生活突然开始失序。因为异地，工作和家庭几乎不能两全，犹豫过后，我还是决定辞职回北京做全职太太。

当我刚生下第一个孩子的时候，丈夫的事业出现问题，几乎一夜之间一无所有。在我坐月子期间，他开始重新创业，我几乎承担了公司所有幕后的工作，帮他重新搭建团队、做业务。很幸运，赶上了行业风口，我们夫妻一年时间营收过亿元。

我知道自己比较强势，为了不影响两个人的感情，在公司业务走上正轨之后，28岁的我，再次选择成为一名全职妈妈。然而，29岁二胎怀孕期间，我突然意识到一个好妈妈不能没有自己的事业。多方面考察了市场之后，这一年我创办了以自己名字命名的首饰品牌DAN DREAM。

支持我的人一直都在

创业如果没有压力、没有彻夜失眠过、没有经历过低谷，是不是都不算真正意义上的创业。三年来，赔掉了一套北京的房子，我还在努力奔波中。

我跟丈夫说：“我是不是在靠实力演绎‘凭运气赚的钱都会凭实力亏完’？如果三年前没有创业的话，是不是可以轻易地做一个‘小富婆’？”

他淡淡地说：“如果再给你一次机会，你依然会选择创业这条路。人们只会为聚光灯下光鲜的你鼓掌，只有走过创业这条路的人，才能感受到遍地荆棘。大部分人都走不到聚光灯下，而你，是不服输的那一个。”

这是事实。2020年，DAN DREAM的产品刚面市，已经花了近200万元了，但是销售额依然低得可怜。为了融资，我给刚刚满月的孩子断奶，在两个城市间奔波。

两个多月后，公司注册好了，发现那个号称掌管 40 亿元资金的合伙人就是个大忽悠。然而，我的第一笔启动资金已经花得差不多了。之后，我退掉了办公室，处理掉家当，搬回了丈夫办公的地方。很多员工也因为上班位置偏远而离职，团队几乎大换血。这种压力一直持续了半年之久，每天我身上的压力不言而喻。

2021 年 1 月，我怀着老三，一边陪着老大在医院里做骨折的钢钉手术，一边准备在小红书的第一个“超级品牌日”。孩子出院第二天，我就第一次上阵当主播卖货，为 10 个小红书头部博主的联合直播打头阵。

这次直播没有达到平台给我定的 100 万元 GMV（商品交易总额）的要求，只做了 70 万元。但是，我没有苛责自己，我觉得只要我有获得现金流的能力，我就能活下来。

三年来，我为一个月 300 万～400 万元的销售额而沾沾自喜过，也为流量的起起伏伏而担忧过，但是我从未迷茫过，因为我有一个坚定的目标：“我要卖货，我要增加销售额，我要证明我可以！”

我确实没有迷茫，但是我迷失了，丢掉了创业的初心。我被市场、流量裹挟着，市场上什么热，我就卖什么；什么元素火，我就设计什么，最后又开始卷入价格战的恶性循环里……

2022 年，虽然我的销售额接近 2000 万元，但是我依然没有挣到什么钱，仓库里存着几百万元的货。流量变天之后，我发现我各个渠道的销售额都急速下降，压力大到几乎夜夜失眠，最后终于撑不住了，莫名其妙地高烧、咳嗽、嗓子疼，每天回家就躺在床上睡觉。

病好之后，我就强迫自己走出去，一个月时间我去了广州、深圳、惠州、香港、婺源、上海、诸暨……去见陪着自己一路走来的供应链伙伴，见在不同行业创业的朋友，深入了解整个时尚行业。我发现这些支持我的人一直都在，只不过是我自己迷失了方向。

我忘了我创办 DAN DREAM 就是为了让这个品牌作为一个载体，一个去传递向上、爱自己的女性力量的载体。我恰恰丢掉了我想传递的品牌的灵魂——自爱、自由和自信。我迷路了，所以才会有那么多的痛苦……

走完这一圈之后，我与团队的每一个小伙伴深度碰撞、复盘。几轮思考之后，我脑海里已经有了清晰的产品画像，也找到了适合帮我做品牌全面升级的供应商，一切宛如新生。

唯爱才可以给人力量

现代女性在社会中承担的角色越来越多：员工、妻子、母亲、儿媳……老板希望你全力以赴，丈夫希望你貌美如花，孩子希望你时刻陪伴，婆婆希望你孝顺顾家……

多重身份的你，是否掌控了人生的舵盘？女性平衡工作、家庭、兴趣本身就是一个很大的挑战，所以应该拥有更多的关爱，唯爱可以给人力量。

DAN DREAM 品牌创立之初，特邀米兰专业珠宝设计师团队操刀，将爱与阳光融入到设计当中，以“寻光”“蝶舞”“舵盘”三个系列来诠释品牌态度。同时，设计师用富有巧思的小设计赋予珠宝无限趣味，帮助当代女性轻松转换不同身份。

DAN DREAM 是我的名字 Rosedans 中的“dan”和梦想的英文单词，表达一片赤诚之心投入品牌建设，希望打造一个有质感的浪漫理想国。我要做的不仅仅是一个首饰品牌，而是希望联合众多女性一起滋养身心，在多重身份的碰撞与平衡中寻找自身的价值，在未知的道路选择做自己，实现真正的自我宠爱，用配饰点亮当下生活，向世界展示“她”力量。

双 D 简单嵌套组合，线条粗细搭配组成竖琴造型，寓意女性的美好品德、追逐梦想的初心正如竖琴之音，纯净而又充满力量。

在时间的塑造下，每一个元素都有它独特的样子，正如时间塑造了我们每个人。时间流淌而过，也在我们身上留下了打磨的痕迹，万物都在静默中发生着变化。

我注重内心的感受，因此带领设计团队，结合个人审美与独立思考，嵌入在成长变化中的探索，重新审视不同的生活切面所带来的体验；我主张聆听自我，感受无序之美，以独立、开放的视角创作出简约高级、有力量感和质感的配饰。

DAN DREAM 尝试打破常规的结构，探索首饰设计的更多可能，丰富搭配思路和实用度；将不同的材质结合碰撞，以无形的力量连接有形的艺术，展现刚柔相济之美，用大气简约的设计呈现力量感。

DAN DREAM 品牌风格偏向日常经典款式，涵盖女性多种生活场景，如职场、日常、约会等，着力打造珠宝日常化，价格年轻化，满足不同生活场景的搭配需求；目标客户以有一定审美追求和阅历的独立女性为主，不盲目追求奢侈品，追求品质、设计、性价比的平衡。

三年时间，我与绝大部分的小红书头部博主达成了长期的合作，很多明星也开始佩戴我的产品，也多次加入罗永浩、胡兵、胡可、吉杰等明星的直播间，在电商领域慢慢打出了自己的一片天。

结束语

当我在写这篇文章的时候，一位见证了我从“北漂”到三孩创业妈妈的朋友发来一段话，他说：“认识你七八年来，你创新的激情没有变化，但是，似乎你身上又有了很大变化，这种变化我感觉是来源于你的婚姻给你带来的安全感。在很多婚姻里，结婚、生子更像是一种枷锁，限制女性的发展，但是你的婚姻不是这样，它不仅没有限制你，反而给了你足够的安全感，让你可以在你的世界里更加尽情地探索。这份安全感其实是女性所期待的，也是你可以在品牌里传递的。”

他说出了我的心里话。我创立 DAN DREAM 也是因为看到身边很多女性朋友在婚姻生活中丢掉了那份鲜活，我希望饰品可以作为一个小小的提醒。我想不断把这份爱传递出去！

好吧，姐妹们，我准备好了，去自己的世界里探索，希望这份坚持被你们看到，希望我们一起寻找爱与自由之路。

赵艺云

DISC+讲师认证项目A19期毕业生

新媒体运营者

视觉笔记师

民族文化传播者

扫码加好友

赵艺云 BESTdisc 行为特征分析报告

SID 型

4级　私人压力 行为风格差异等级

DISC+社群

报告日期：2023年02月13日

测评用时：16分25秒（建议用时：8分钟）

BESTdisc曲线

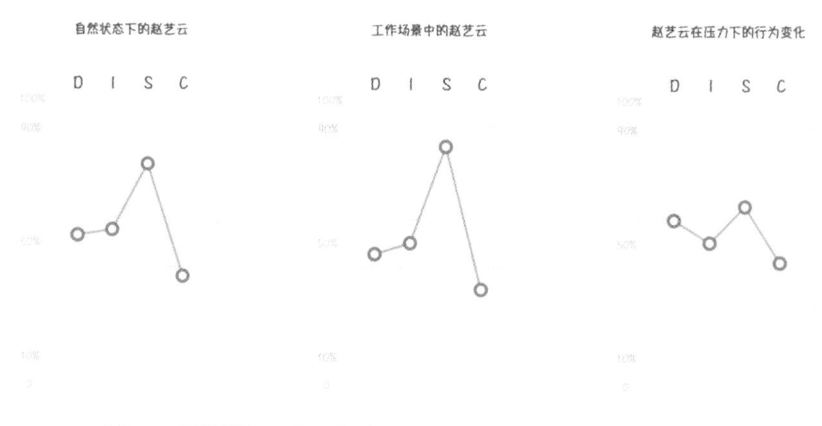

赵艺云是一个坦率、果断、有驱动力去完成挑战性任务的人；她是天生的领袖，能引导别人接受自己的思考方式，带领别人朝正确的方向前进；充满活力的她喜欢主动与人交往，珍惜和谐与合作，并且致力于创造这样的环境，会努力避免冲突和敌对情境；作为一个天性热情诚恳的人，她容易使别人产生信任感，是个优秀的沟通者；她很擅长管理、组织人员和活动，也能处理例行公务和重复性的工作。

追逐光、靠近光、成为光

我是赵艺云，一个来自广西金秀瑶族自治县的瑶族姑娘。

我国民族学奠基者费孝通先生曾六上瑶山，到访我的家乡金秀，他曾说道："世界瑶族文化研究中心在中国，中国瑶族文化研究中心在金秀。"金秀也由此被誉为"世界瑶都"。

我为家乡而骄傲，也希望自己未来能成为家乡的骄傲。在不知不觉中，我找到了自己的热爱与使命，开始了"追逐光、靠近光、成为光"的人生旅程。

大学寻光：乡音乡情点燃初心使命

对很多人而言，人生的第一个岔路口是在高考之后走向大学。

1999 年出生的我，因为填报技巧不足，从广西数一数二的柳州高中毕业后，就读于广西大学文学院汉语言文学专业。我也曾在复读与入学之间纠结，想起父亲时常激励我的话："是金子在哪里都会发光的。"于是，我下定决心努力让自己成为一块闪闪发光的金子。

大学期间，我一直在探索寻找自己真正的热爱与使命。直到大二在唐七元老师的选修课"方言与地域文化"上受到启发。他说："普通话也许能让你走得更远，但方言能让你不忘记从哪里出发。"

于是，我申请唐老师作为指导老师，主持和负责省级大创项目，课题为《广西金秀盘瑶勉语口头文化搜集与整理》，与 3 位金秀籍的学弟妹组成团队下乡调研。

那段时间，说累也挺累的，常常今天一个村，明天又搭乘三轮车绕过崎岖山路去另一个村;说不累也不累,因为我们乐在其中,被访谈的瑶族爷爷奶奶乃至一家人对我们热情相迎、相待如亲,有的甚至拿出了逢年过节的特色菜作为招待,真的让我们倍受感动和温暖,似乎一路奔波都不算什么了。

让我印象特别深刻的是,一位老奶奶在我们离开时问我:“小妹,你们下一次什么时候来,奶奶再给你们唱山歌好不好?”我怔住了,没敢回答,因为我也不确定下一次会是什么时候。我深知这份工作需要情怀,也需要实力。

下乡之前,我提前与政府提供的被访谈者联系确认信息时,好几个电话都是:“对不起,您拨打的号码是空号……”我安慰自己说,也许对方只是换了号码。乡音乡情触发了我内在强烈的责任心和使命感。如果我们这代人再不重视文化的传承,很可能一些见多识广的瑶族前辈走了,金秀瑶族文化的根也断了。

最后,我对瑶族奶奶说:“快了,我以后很快会回来的。”就此,我的心中种下了传承和弘扬家乡瑶族文化的种子,并不断生根发芽。

从 2018 年至 2020 年,历时两年,我超额完成了 3 万字的调研报告,还参加了广西瑶族学子交流会,去金秀民族宗教事务局实习,加入了满天星民族文化传播组织,协助金秀大瑶山尤绵文化促进会赵富金副会长编撰了金秀地方瑶族史料《这方山水这方人——尤绵文化文集》等等。

在大学里,我担任了广西大学思源社、校语保志愿者协会的负责人,参与及策划上百场社会实践活动;我的综合成绩一直名列前茅,加上丰富的公益实践,尤其是返家乡社会实践,在临近毕业前获得由全国学联和共青团中央联合颁发、新东方教育集团提供奖金赞助的“中国大学生自强之星”荣誉称号。在我心中,比这份荣誉更让我有成就感的是,我能尽绵薄之力,为家乡作出贡献,不断挑起文化传承传播的责任。

在奔向人生使命的过程中,我找到了自身价值所在。生命仿佛被一束光芒点亮,从此有了源源不断的动力和坚定不移的方向。

创业追光：出发是为了更好地回家

不论鲜花掌声还是荆棘风霜，只要我们愿意，生命中的一切都可以视为上天赐予的礼物，我们也可以顺势而为将其化成一道光，点亮自己，也温暖他人。

2022 年年终，我的第一段创业也因各种原因就此告一段落，但我并不以“失败”自称。我深知，所有这一切的磨砺和锻炼都是值得的，它们使我“厚其德”，为日后“载其物”、实现打造家乡瑶族文化品牌的人生志向打下基础。我感谢这次危机孕育了我创业路上新的生机，我将在前进中永远年轻、永远热泪盈眶，保持热爱，奔赴山海。

2022 年 11 月，居家办公的一个月里，我阅读了大量如《小狗钱钱》《纳瓦尔宝典》《财务自由之路》《深层认知》《反脆弱》等提升财商、思维认知的书籍，加速了我认知的迭代。有了更多新的底层认知，我愈加勇敢破圈，在互联网上结识优秀人脉、扩展平台资源。

毕业后，参加“关爱留守儿童”公益计划时，我有幸结识了卢水龙。他既热衷公益，也是独立创业者、恒洋瓦教育的校董等。同是“95 后”创业者的他走过了我正在走的路，谈及创业和人生，他无比真诚地给了我很多帮助和指点，这份恩情我一直铭记在心。

2023 年 1 月，我离开重庆创业团队返回家乡广西金秀，在背负着一定的经济压力的同时，开启了第二次创业：自媒体创业。初期，我打算先借助优质平台资源，快速学习新知及实际操作，稳步打造个人品牌。

我陆续加入了 007 写作、妈妈不烦等平台。007 写作创始人覃杰老师、007 推荐人钟钟姐及战友七布斯老师等，还有妈妈不烦亲妈段老师及 0206 届财榜小组闺蜜们，都给了我很多帮助和支持，感恩与你们的相遇！

在优秀的圈子里快速成长，一位位生而平凡却不甘平庸的前辈如同一道道光照进了我的生活，我也愈加努力地追逐光、靠近光。

贵人点光：你的向上向善自带光芒

2023 年 2 月 3 日，是一个值得纪念的日子，因为在这一天，我遇到了人生的大贵人阿蔡老师，此后的成长速度可谓一月顶一年，超越了过往几年的纪录。

和阿蔡老师相识于某社群，他发了早安金句，我便主动加了他的微信。互发自我介绍后，作为个人 IP 打造教练、创富教练的阿蔡老师快速识别出了我的潜力。当天早上视频通话之后，我们约定用一周时间磨合，看看彼此的匹配度。

2 月 4 日，受阿蔡老师邀请，我第一次在线上参加《有钱人和你想的不一样》读书会；2 月 5 日，主持了读书会；2 月 6 日，在线上人脉连接会上，我第一次作为分享嘉宾，向大家讲述了自己的故事。后来，阿蔡老师回顾道，我的那句“出发是为了更好地回家”深深地打动了他，也让他更加坚信眼前这个广西姑娘值得他倾力相助。

在 2023 年元宵节当天，我收到了阿蔡老师寄来的见面礼：《有钱人和你想的不一样》《跳跃成长》两本书、纪念册和笔，书上还有他的手写赠言：“有梦就去追，勇敢做自己。”透过这些文字，我感受到了阿蔡老师的深切用心和真挚情义。

2023 年 2 月 10 日是我的 24 岁生日，我尝试建立自己的第一个付费社群。阿蔡老师和他社群里的很多朋友都给予了大力支持，不仅付费加入社群，还送上了生日祝福和大红包，让我深受感动。通过这一周的通话、共事等深度接触，我和阿蔡老师达成了进一步的合作意向。

2 月 19 日，我应邀从广西飞往杭州与阿蔡老师见面，在他身边可以更近距离地向他学习，快速提升我的综合能力。

此后两个月时间里，阿蔡老师作为创业导师对我给予了莫大的肯定和支持，手把手地带我，超出了很多人的想象。他带着我前往杭州、广州、上海、青岛、北京、天津、青海、成都、重庆等数个城市学习、拓展人脉，还将他的核心合作伙伴介绍给我。其间更是为我投资了近5万元为我支付这两个月所有的食宿交通费用，还送我参加DISC+社群A19北京班、五维教练领导力M89上海班等学习。

3月底，阿蔡老师主办了“2023杭州创业创新峰会暨杭州爱嘉文化创意有限公司6周年庆”，20来位嘉宾分享创业经验，200多位来宾参会。这种强大的人脉连接力和号召力，让我深刻地感受到了他的人品与实力。

人生难得遇贵人，特别感谢阿蔡老师的用心栽培和耐心陪伴，宛如尊长般对我谆谆教诲。他的目标感和执行力，真诚待人的态度，为他人创造价值的使命感，潜移默化地影响着我，帮助我成长。

阿蔡老师无私的推荐，让我有幸认识了培训圈、浙大系、阿里系、美团系等圈子里的很多优秀前辈。

海峰老师，DISC+社群联合创始人。他创建了一个没有推荐费却能持续招生5000多人的社群，可见他的独特智慧及经营之道。他也让我明白了“凡事必有四种解决方案”的为人处世之道。

任博老师，DISC+社群翻转课堂堂主，是阿蔡老师最常提起的、敬仰的前辈，我也有幸得到任博老师关照和指点。在DISC+社群A19北京班上看到任博老师十分欢喜地戴上我为DISC同学们送上的瑶族香包，我也倍感温暖和开心。

林天智老师，6年资深理财规划师，阿蔡老师团队的核心伙伴。一次车上同行，他说已经给我买好了意外险和重疾险，让我深受感动。平日里他睿智且亲和，对我关爱有加，让我倍感温暖。

石云华老师，苏州常熟大剧院总经理，同为广西老乡的她给了我很多鼓励和帮助。我也在向她看齐，希望自己未来也能成为家乡的骄傲。

刘海涛老师，卓越人生设计部落联合创始人，感谢他的课堂帮助我一步步弄清楚自己的人生规划。

还有很多值得感恩的贵人，当我如数家珍写下这些名字，回想着一起共度的美好时光时，温暖与感动再一次油然而生。阿蔡老师似乎就是那个将我点燃，带着我一点点发光，向着他们靠近的人。在不知不觉中，我的乐观积极、美好善良、谦逊好学等卓越品质，也照亮了很多人。他说，很少见到像我这样的年轻人，拥有超乎同龄人的成熟心智，面对夸赞不自傲，有清晰的定位和方向，我就是一个“发光体”。

结束语

我，从未想过人生要过得多么轰轰烈烈，只期许在人生暮年尽量少留遗憾。

从家乡走向城市，最后决定回归家乡的过程中，有过高峰，也有过低谷，但我在迷茫中不断觉醒，活出了自己想要的精彩。

时光不可回购，每一岁都是限量款。我会愈加勇敢地向自己的瑶族文化品牌梦想前进，希望在这一路上与更多人同行，一起追逐光、靠近光、成为光！

元康

DISC+讲师认证项目A19期毕业生

创新创业教练

前沿认知主理人

腾讯前产品经理

扫码加好友

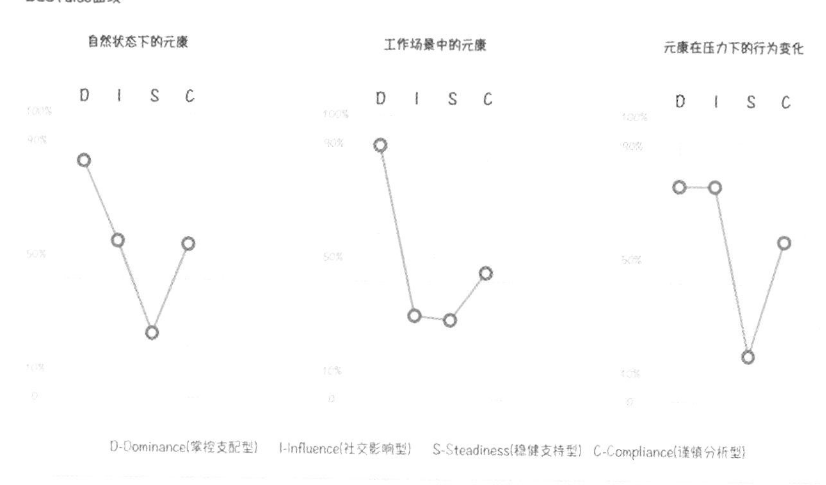

元康是独立自主的问题解决者，通常在独立工作时表现最佳；在别人眼中，他严格遵守标准和规则、关注正确性，天生有很大的冲劲去实践自己笃信的理念，并达成目标；充满活力的他喜欢主动与人交往，口才好，容易使别人对他产生信任感，构筑融洽的人际关系；他更喜欢与确定的领域相关的任务，或者要求关注细节性、准确性和确保质量的任务。

打败自己的，只有你

我是一个爱折腾、不屈服的“95后”，出生于江西，求学于杭州、大连、法国巴黎和亚眠，最终落户于深圳，却在北京打拼。

我的求学之路和工作经历并不平坦，充满挑战和机遇。在一次次摔倒又爬起来的过程中，我接触了不同的文化、语言，学会了不同的思维模式及工作方法，我逐渐形成了自己的世界观和价值观，坚信“打败自己的，只有你”。

坎坷求学路

我出生在设计世家，父亲从事建筑设计，母亲从事服装设计，舅舅则是室内装饰师。在这样的环境熏陶下，我从小就爱上了美术，并依靠这个优势成了校园里的小明星。在绘画、黑板报等比赛以及平时的训练中，我获得了很多正向反馈，加强了我在美术方面的自信心。

然而，初中时期，我因为贪玩，经常跑去打球，没有耐心写作业，导致严重偏科，所以高考时，我不得不瞄向“美术特长”这个加分项。

在老家的画室里，我非常刻苦地练习。同学画一张，我就画两张、三张甚至四张；同学只在晚自习进行练习，我下课后还通过书籍、互联网来学习，掌握了更多的绘画技能，培养了审美素养；加上家庭的耳濡目染，我成了当地画室中成绩最好的学生。

自信的我，将高考志向定为清华美院、中央美院、中国美院等等一梯队的美术学院。为了这个目标，经当地画室美术老师的引荐，高二暑假，我进入了中国美术学院所在地杭州的画室进行集训，这是中国南北两画派的两大集训中心之一。

在全国美术人才的竞争中，我毫不示弱，素描、色彩、速写三科综合成绩连续三个月获得第一名。画室校长及几位老师对我的关注度也格外高，但是，三位老师分别讲解不同的思路、技法和意志，让我感到很混乱。我之前的逻辑和系统崩溃了，每动一笔都要思考三种不同的意志，出现了不会画画的状态，而且，加上长期熬夜和高强度的训练，每次绘画一两个小时后我就会出现眩晕的情况。

最后，严重的心理压力和连续熬夜把我压垮了。趁着江西省组织的美术校考，我带着逃离的心态打包了所有行李，再也不想回到杭州的画室，也不想为了考美院牺牲自己的身体和接受精神的摧残了。不出意外，即使我报了二十多所院校的校考，最后还是惨败，一张校考合格证都没有拿到。

即使如此，我依然没有被打垮。虽然很伤心和焦虑，但“止止血、咬咬牙”很快就挺过去了。我把精力放在文化课上，但没想到文化课也失败了，高考总成绩比模拟考还要低 50 多分，我崩溃了，最后扳回一局的筹码也没有了。

也许是上天的眷顾和怜悯，我通过省联考成绩加文化课成绩低分超过了大连的一所艺术学院环境设计专业的录取线。

回顾美术高考及文化课高考折戟沉沙的痛苦经历，那股不怕输、不服输的劲又冒了出来，“目前的学校绝不能是我的天花板，我一定可以有更好的发展。”这是我在大学期间努力奋斗的信念。

于是，在发奋学习的同时，我参加学生会、班委的竞选和各种社团活动，最后拿到了全校仅录取两名大一新生的暑期 VR 夏令营的名额，以及全系唯二的法国交换生资格。

法国交换生的经历彻底改变了我的价值观。以前以为艺术家、美术家、设计师是最厉害的，是天下第一的那种。到了法国，接触了以培训商业、工程师、行政管理等人才为主的精英教育与商学教育体系后，我发现做商业更符合我的特质，也能带来更大的价值回报。

回国后，正好大四实习，我脑子里想的是一定要到资源丰富的地方、到精英扎堆的地方去。于是，我进入了一个知名国际机构，也在这个机构接触了优秀的各国精英并学习了教练技术、行动学习、DISC、高台情商等培训课程。

在这样精英荟萃的地方，我慢慢地被富人的思维方式、工作方法影响，也明白了“时间比金钱宝贵”。虽然当时还处于温饱线上，但我敢投资学习、投资自己，以至于后面收入提高后沉迷于学习无法自拔，一年的学习费用高达六位数。

因为对商科教育及财富的向往，工作三年后，我成功申请到了巴黎高等商学院的 MBA 硕士，学习产品管理与市场营销，更加全面、系统化地理解商业、贸易、产品管理及设计、市场营销战略等知识技能。同时，我还选修了清华经管的管理课程及清华五道口的金融课程，以补充本土化的商业管理、金融学思维框架及方法论，结识了一批国内的精英人士。

我的求学路虽然坎坷，但结果还不算差。回首过去，这也是我人生当中宝贵的财富。只要我不放弃，没人能把我打趴下。

至此，我的求学之路画上了一个小句号，但其实也是一个新的起点，毕竟学习是件终身的事。

职场修炼场

职场是个修炼场，不仅有高山，也有低谷。有时候会遇到很多困难和挑战，但正是这些挑战让我们不断成长，不断完善自己的能力、提高自己的素质。

原本以为可以在国际机构一直干下去，没想到大环境突变，我只能重新找工作，但由于工作资历浅，也不是应届生，还需要和工作了三年的人竞争，难度就更大了。后来，我运用职业生涯三叶草等模型对自己的天赋、能力和价值进行了评估，在面试的过程中获得积极反馈，终于找到了适合自己的职业方向和公司。

排在薪酬排行榜前两名的不是金融业就是互联网行业，金融业门槛有点高，互联网行业好像还可以，毕竟当初我自己就是通过互联网获取了更多的美术学习资源，也曾经和朋友一起搞视频拍摄剪辑、新媒体等等，大一也承接了工作室、校社团联合会、校广播电视台的新媒体事务；加上设计专业出身，在美术设计、排版、审美上有天然的优势，也参与了很多项目的宣传、宣发推广。

再看互联网行业岗位薪酬排序，程序员、产品经理和运营名列前三。我不会写代码做不了程序员，所以我在产品经理和运营中做出了选择，最终带着期待，毫不犹豫地加入了腾讯，担任产品经理。

加入腾讯后，我第一次知道，原来产品经理可以指挥程序员、设计师、测试员、运营等，相当于我曾经念念不忘的设计总监。然而，好景不长，部门裁撤，我也没能独善其身，又得找工作了。

因为新冠肺炎疫情的影响，找工作又成了“地狱模式”，大量中小公司倒闭了，市场上的招聘也不多，对个人的要求更高了，但我仍然“不抛弃，不放弃”。执着于“遇见更好的自己”，我又重新规划自己的职业生涯，梳理我的优势，开始探寻。

当时我接触大学生群体比较多，经常参加大学生社群活动，并且加入了全国大学生社群联络网络，所以，我尝试在大学生人群上做文章。找了 5 个月工作，很幸运加入了头部大学生竞赛社区企业。

因为公司规模不大，也算是创业公司，所以给了我很多发挥的空间，我实践了从腾讯学到的产品方法论和工作方式，负责 APP、官网、小程序等多个端口的工作。最终，我通过社交裂变等增长手段帮公司获得了两天用户增长 131 万，沉淀公众号 80 万用户的好成绩。

两年内，我个人也实现了薪资翻倍的成绩。这一路走来，虽然艰辛，但我相信光就在前面，一定能越过山丘，做更好的自己。

结束语

张一鸣曾说过:“你对事情的认知,是你最大的竞争力。”

只有对世界有敏锐的感知力,才能在职场上取得成功;只有坚定信念,持续地学习和成长,才能实现自己的职业目标和梦想;打败自己的,只有你。

越过山丘,让我们在山顶相见。

第五章

凡事必有四种解决方案

海峰老师说，我们会陷入困境，很多时候是因为我们只懂得使用一种惯用的风格来应对。DISC告诉我们，凡事必有四种解决方案，每个人都是有选择的。真正决定结果的，不是事物本身，而是你的选择。

尤莫点

DISC+讲师认证项目A18期毕业生

西澳大学在读研究生

扫码加好友

尤莫点 BESTdisc 行为特征分析报告

SC 型

1级　工作压力 行为风格差异等级

DISC+社群

报告日期：2023年04月08日

测评用时：01分10秒（建议用时：8分钟）

BESTdisc曲线

尤莫点是一个随和包容、处处顾及他人需要和感受的人；他更喜欢与和自己专业领域和兴趣都相似的人交往；内敛，而且善于深思，无论是对人还是对事都喜欢追求高标准，关注事物和事实的细节；他会运用收集到的信息，凭着经验和知识小心而积极地开展工作；在遇到改变时，他希望运用自己的逻辑或价值观去探寻原因，以及改变可能带来的结果。

培养大学毕业生的核心竞争力

哲学家赫拉克利特说过："世上唯有变化才是永恒的。"

世上不变的就是改变。黑天鹅事件时有发生，大多数行业都会面临各种各样的冲击，"铁饭碗"已经成为历史，就连在一个公司"朝九晚五"也未必能持续。

对于即将或刚刚从校园步入社会的大学生来说，在人生的转折点，常常充斥着"纠结""迷惘""焦虑"——是继续读研还是先进入职场或创业？读哪个专业，上哪所院校？是创业还是从业？进入哪行哪业？

随着社会的日新月异，如何在不确定的环境中打造核心竞争力，让我们拥有自由选择权，享受幸福人生，是值得我们认真探索的。

大学毕业生的核心竞争力有哪些？

核心竞争力是综合素质的集中体现。

作为社会的准生产力，大学毕业生的核心竞争力也是知识储备、多种思维能力、潜心实践探索的能力、人际交往能力、环境适应力、开拓创新力、健康的心理等各方面的综合体现。这些可以在学校内养成吗？答案是不行，因为这是终身修炼的过程。

在知识储备方面，每个人都有自己的优点和长处，放大优势，对做人、做事都有很大帮助。

多种思维能力，包括理解力、分析力、比较力、概括力、推理力、论证力、判断力等，是智慧的核心，是大学生最重要的智力资本，也是学习、发现、探索、思辨等等的基础。

潜心实践探索的能力，“潜心”体现了专注度与持久力。如果从事的是自己热爱的，很容易进入“心流”状态，但是太多的时候，我们所从事的并不一定都是自己擅长和热爱的，也不会时时顺利、事事顺遂，甚至有时候还会受到各种诱惑和挑战。所以，能不能潜心探索就很关键了。

人际交往能力，是衡量一个人能否适应现代社会的标准之一。人际关系的好坏是一个人社会适应能力和健康人格的综合体现。健康的人格总是与健康的人际关系相伴随。人际交往能力要求懂得各种场合的礼仪、礼节，善于待人接物，善于处理各类复杂的人际关系；能在社交活动中对领导、同事、合作者和其他公众表示关心和尊重；能够觉察和辨别交往者的行为风格，选择有效的交往方式；既留给对方良好的印象，又能协作共赢。

大学毕业生从校园步入社会，需要适应新的环境。缩短适应时间，让自己从容淡定，或者如鱼得水，要靠过硬的适应力。

开拓创新是把知识、技能变为现实生产力的核心能力，也是许多刚从校园步入社会的大学毕业生的优势，因为他们的思维很少受到固有经验的限制，有一股初出茅庐不怕虎的闯劲，往往会迸发奇思妙想。所以，大学毕业生一定要珍视自己的好奇心和创新思维。

具有健康心理的人，能积极地与他人交往，建立起良好的、建设性的人际关系，能够调整自己的情绪，让自己心理健康，无疑也是大学毕业生的核心竞争力之一。

从四个方面培养核心竞争力

DISC 理论于 20 世纪早期出现，由威廉·莫尔顿·马斯顿教授提出，他基于其个人激励的理论发明了 DISC 的行为因素分析方法，并在《常人之情绪》一书中加以构建。DISC 现在已经发展成为全世界使用最广泛的评量系统之一。

每个人身上都有 D、I、S、C 四种特质，只是比例不同而已。通过深刻理解 DISC 和自身行为情绪，每个人都可以实现突破，针对不同的情境有效地调整自己的行为。

我在 2022 年年末参加了一次 DISC 的系统学习，主讲海峰老师是国内 DISC 研究与探索的集大成者。通过一个周期的学习，我深入学习了 DISC，在脑海里置入了“凡事必有四种解决方案”的意识。我发现，思路被拓宽以后，自己在处理很多事情时有了更优的选择。对于刚毕业的大学生而言，利用 DISC 培养核心竞争力，也是大有裨益的。

发挥 D 特质，以终为始，有全局观。

吉米·罗恩说：“你应该设定一个大的目标，这样在实现的过程中，你会成为一个真正值得你付出一切努力的大人物。”每个人的目标与理想，是基于自己的资源、条件、意愿和爱好来确定的。所以，大学毕业生在择业前，可以从了解自己入手，先不受干扰地给自己把个脉，做个测评，看看自己和哪些行业、岗位比较吻合。

每一个人都值得拥有幸福、美好的未来，不要妄自菲薄，战战兢兢，而是应尊重自己的生命价值。就像 DISC 理论的前提所言：每个人身上都有 D、I、S、C 四种特质，只是比例不同；DISC 不是优点也不是缺点，只是特点，不必给自己贴上优与劣的标签。建议大学毕业生把个性放在恰当的位置，基于个人特质设定目标，并让它清晰化、具体化。

设定目标之后，就要设计生涯轨迹。是的，是设计！没有人和我们一模一样。

发挥 I 特质，大胆设想，施展领导力。

在工作中，不管我们多独立，都会处在临时或长期组成的团队中。但是，每个人对世界都有自己的看法，都有自己的需求，甚至有一些惯性的僵化认知。

但我认为无论我们处在哪个岗位上，都应定义自己的工作和状态。领导力不是管理人员的专属能力，只要有影响力，普通员工也可四两拨千斤，向上借管理。在工作中，做杠杆，有效推动工作，甚至发挥 I 特质去激励同事，这是多么有趣、有意义的事情。

不管是领导者还是普通员工，都可以通过运用 DISC，大力发挥 I 特质为整个团队赋能，使整个团队充满可持续发展的生机和协调的凝聚力。使团队为了更长远的目标共同奋斗。

发挥 S 特质，随遇而安，有稳健性。

达成目标需要明确方向，但也需要不断根据现实情况进行修正。

嫦娥五号月球探测器发射后，在从地球飞往月球的途中，也曾修正轨道，而且经过成功修正，它最终顺利着陆月球。我们的职业生涯又何尝不是如此？

《周易》所言："穷则变，变则通，通则久。"这句话值得我们深思。在工作中，灵活变通、随遇而安是很有必要的。

发挥 C 特质，用心修炼，有严谨度

初入职场的大学毕业生面对能力不足的问题时，不要着急，也不用气馁。建议大家先发挥 C 特质，细致分析自己的能力缺陷，刻意地练习，不断精进，逐渐积累经验，提升工作能力。

比如，一名商科毕业生，打算从事销售工作，但又暂时欠缺销售能力，他经过仔细观察分析，发现成功的销售都是能与客户进行有效沟通的人。而在销售过程中，想要与客户进行有效沟通，必须先确定客户的行为风格，然后再有针对性地采取相应的沟通策略。

D 特质客户不喜欢拐弯抹角，喜欢直接，行事往往雷厉风行。与他们沟通时，最好先谈产品对他们的好处。

I 特质客户非常外向，热爱社交，喜欢一切新鲜的东西。与他们沟通时，最好先花点小心思引起他们的注意。

S 特质客户有耐心、沉着、冷静。与他们沟通时，要多让他们提问或开启话题，让他们有安全感。

C 特质客户喜欢秩序和规则，做事有条理，原则性很强。与他们沟通时，要多呈现精确的数据、专业的知识，以获得他们的认可。

结束语

思考如何去寻找适合自己发展的职业生涯之路，不如思考如何设计适合自己的职业生涯之路，用 DISC 打造自己的核心竞争力。

希望大家都能在了解自己的行为特质和目标之后，积极应对未知变化，以设计思维、高阶视角、底层逻辑、修正意识来迎接一切挑战。

愿我的思考能够给所有即将或者刚刚步入社会的大学毕业生提供帮助，让我们一起为拥有从容、幸福而有价值的职业生涯共同奋进。

季旭

DISC+讲师认证项目A17期毕业生
ChatGPT写书教练
陪跑型演讲教练
帆书企业课程翻转师

扫码加好友

季旭善于人际交往，而且非常乐观向上，对所在的组织有强烈的责任心，会努力、坚持不懈地完成工作；他天性温和有礼、真诚可靠，高度关注别人的情绪、需要和动机；他从跟别人的互动和自己的行动中取得动力，也能耐心地对待他人，有同理心；他乐观、热情，而且容易相处，既是鼓舞人心的领袖，也是忠心耿耿的追随者。

在人生困境中探寻四种解决方案

你是与我一样，并非“生而知之者”，或“学而知之”，而是“困而知之”？我们被成长的环境、社会的惯性以及思维的局限所困。

《论语》开篇三句话：“学而时习之，不亦说乎？有朋自远方来，不亦乐乎？人不知，而不愠，不亦君子乎。”

这三种修炼，对应的是如何处理与事情的关系，如何处理与他人的关系，如何处理与自己的关系。

当我遇到 DISC，尝试快速识别人的行为特征时，我才逐步发现，曾经那些复杂的工具，原来是相通的，不得不拍案叫绝！

DISC 学会好沟通

一个人永远只关注自己的利益，叫自私；只知道妥协于他人的利益，叫无能。在两者之间达到平衡，是共赢。良好的沟通，目标就是共赢；失败的沟通，往往带来“双输”。

人的行为风格如此迥异，如何才能拥有放之四海而皆准的沟通之术呢？我们可以从 DISC 中汲取营养。

用 D 沟通——始终不忘共赢目的。

D 特质人士的沟通方式：直截了当，雷厉风行，目标清晰，毫不妥协。

在日常沟通中，他们总是比较严肃，甚至严厉，很少笑，目光犀利，情绪激动时甚至会拍案而起，摔门而去。

使用好 D 特质的方法：捍卫自己而不是侵犯他人。激烈的沟通方式也许会侵犯他人，而且这样的方式大概率不会达成沟通的目的。

所以，谈话之前，D 特质人士应记住此次谈话是为了某一个共赢的目的。

比如，在夫妻谈话时，可以说："我们都是为了让这个温馨的家充满欢声笑语。基于此，我想和你谈谈，可以吗？"或者，在职场谈话时，可以说："我们最终都是希望团队氛围更好、经营效益更高。基于此，我想和你谈谈，可以吗？"

当我们明确谈话的共赢目的，发挥 D 特质的优势，就能够让彼此发现冲突背后利益一致的地方。

用 I 沟通——激励内在找到动力。

I 特质人士的沟通方式：幽默风趣、有感染力，情绪化，强烈希望被关注。

他们需要聚光灯，需要舞台，需要被所有人看见。在工作中，如果忽略了他们的存在，他们会说："你根本不懂我，你只看到我天天在外面奔波，对我的价值却视而不见！"

使用好 I 特质的方法：激励内在而不是表扬外在。只有让他们找到内在的动力，才能激发他们。

我们可以回应说："你说得对，怪我太关注事情，忽略了你的感受。其实我一直关注着你的付出和努力，如果没有你在前面拓展市场、维护客户，我们的项目不可能开展得这么顺利。你是我们团队不可或缺的人才！"

对方发现原来一直被关注，虽然依旧生气，但是突然觉得一切都值得。只要处理好情绪，与 I 特质人士的沟通会很顺畅。

用 S 沟通——建立新的平衡点。

S 特质人士的沟通方式：善于倾听，友善平和，常常压抑自己，不敢表达自己的想法。

他们会因为害怕冲突或者适应他人而委曲求全。当别人不了解他们的想法的时候，沟通往往无法继续。

使用好 S 特质的方法：照顾需求而不是放纵情绪。保持沉默，并不会让沟通更加顺利，也达不成目标。

所以，我们需要发挥 S 特质，耐心地探寻他人的需求。在倾听的过程中找到共同的需求，并以此建立新的平衡点。这看起来好像是妥协，其实是给予对方安全感，让对方愿意打开沟通之门。

“你希望我每周至少陪你吃两次晚饭，对吧?”“你觉得爸妈对你太苛刻了，希望能够有一些自己做决定的机会，对吗?”

尊重就像空气一样，它在的时候没有感觉，它不在的时候，人们一秒都待不下去。你倾听别人，别人也倾听你。

用 C 沟通——回归到最初的共识。

C 特质人士的沟通方式：逻辑清晰，善于分析，喜好批评、挑剔他人，情绪较负面。

他们关注事，总是一丝不苟，逻辑缜密。他们觉得说场面话是没有力量的，也不具备行动力，希望能对问题抽丝剥茧，化繁为简。

使用好 C 特质的方法：如其所示而不是如我所想。在分析问题的同时，还要关注彼此的关系，不要让现场的气氛过于僵化。

使用 5W2H 方法进行沟通，明确具体的时间、地点、谁来主导、共同的目标和期望等。

发挥四种特质的优势，使用具体可执行的沟通决策，让每一次沟通变得有效。

DISC 呵护好爱情

就像所有平凡的夫妻一样，我和爱人结婚七年多以来，争吵从来不曾少过。然而每次争吵完后，我都会告诉自己，一个真正有力量的男人，能够放下自己的骄傲，直视内心的怯弱，追求成长。

能够有这样的觉悟，让破坏性争吵变成建设性争吵是源于 DISC 的四步法。

第一步：D——仿佛摘取了命运的皇冠。

当爱情来的时候，我欢呼：我终于找到了命中注定的她。

我仿佛掌握了爱情的命运。出发的时候似乎就知道自己想要什么,并最终摘取了胜利的果实。我和爱人内心都相信对方正是自己想要的,我们坚信,彼此可以相互滋养,相互支持。

第二步:I——逐渐忍不了乏味的重复。

然而,当爱情回归生活,终究敌不过庸常。我说:“谁知道你会变成这样!”

我开始害怕被忽略、害怕被无视,我渴望新奇变化,害怕生活如死水般毫无波澜。

然而,生活哪有那么多惊天动地,更多的是柴米油盐酱醋茶的琐碎。所有的冲动和歇斯底里的尖叫,让爱情跌入至暗时刻。

第三步:S——向内找到了内心的平静。

“行有不得者皆反求诸己。”或许我看到的这一切,都是我内心的投射。

我的童年,让我变得敏感。我以为她是来填补我的缺失的,却不曾问过她希望我给予她什么。

我的问题唯有我自己去解决。这是因为,我的爱本自具足,又何须祈求呢?对的,爱是一个人的事情。

第四步:C——最终领悟了真爱的真谛。

我仿佛看到每一次争吵是如何发生的,并且找到是什么诱发了争吵。助推我们争吵升级的情绪,往往是因为那些没有得到满足的需求。

通过思考分析,我开始明白爱的真谛:允许。我们本质上都没有错,只是曾经对彼此有太多不允许。我相信,我已经找到了爱的真谛,虽然它看起来似乎并不完美。

我要成为那个活得通透,却热爱生活的人。看似孤僻,却于平静处通往灵魂深处的殿堂。

DISC 养育好孩子

孩子是我们的软肋,也将变成我们的盔甲。养育好孩子,就如同陪自己再成长一次。

孩子的成长，充满无限的可能，我们无须过于焦虑，我们也不可漠然忽视。不同特质的父母要学会调整自己的教育方式，以便更好地养育孩子。

D特质家长：请学会交出“方向盘”。

D特质家长是事业上的强人，日理万机。他们令行禁止，只相信结果是唯一的衡量标准。

对于孩子的教育，他们相信军事化管理是有效的，因为孩子就是需要被训练。然而，随着孩子开始长大，对抗也许会成为常态。慢慢地，他们发现孩子与自己越来越疏远，而且越来越难管。孩子或是不苟言笑，变得孤僻；或是飞扬跋扈，不可一世。

D特质家长，要学会交出“方向盘”，让孩子按照自己想要的样子成长。

I特质家长：请学会坚定而和善。

I特质家长善于交际，愿意和孩子互动。有时候也许会沉浸在自己的世界而忽略了孩子。

为了让孩子有更好的环境，他们往往给予孩子过多的自由而不设定规则。这样会让孩子没有边界感，不考虑自己的行为可能带来的后果。

I特质家长要学会坚定而和善的教育方式，让孩子从小有担当。

S特质家长：请学会放下溺爱。

S特质家长通常非常关注孩子的情绪和感受，并尽可能满足他们的所有需求。

为了引导孩子做正确的事情，他们常常使用各种诱惑：“宝贝乖，等你考了第一名，我就奖励你一个大礼物。”慢慢地，孩子做很多事情提不起劲，或者只是追逐奖励，找不到价值感。

S特质家长，要学会放下溺爱。无原则地付出，并不会让孩子更健康地成长。不经历风雨，孩子不会变得强壮。

C特质家长：请学会放下苛刻。

C特质家长不善言辞，亦不苟言笑，常常会抠细节，力求完美，甚至有些吹毛求疵。

即使孩子有所突破，他们也会给孩子提出更高的要求。在孩子流露出一丝困惑时，他们会给出一堆解决方法，他们的孩子背负了太多期望，以至于压力过大。

C 特质家长，要学会放下苛刻，让孩子学会独立思考，学会在一点点成长中获得自信和喜悦。

真正聪明的父母，是轻松而有智慧的，不仅关注事情，也关注孩子的情绪和需求。他们和善而坚定，是追求终身成长、言传与身教相结合的父母。

DISC 教我真正爱自己

我是一名业余的演讲教练，不以教演讲谋生，但能和一群演讲爱好者一起交流，就好像公益律师、江湖铃医，因某一个共同的诉求而走到一起。

然而，渴望演讲却恐惧演讲的人，都有一个共同的问题：如何才能克服紧张？我的答案是：接纳不完美的自己，把关注度放在如何准备一个真诚的礼物上。

把自己送出去，好过包装自己。爱自己的最好方式，就是真正跳脱出来，用慈悲的视角，看那个不一样的自己。

DISC 看似为我们贴上标签，实则只是行为度量的标尺。DISC 没有对错优劣，只有特点；DISC 始终坚信我们并非一成不变的，而是终身成长的，认识自己，才是爱自己的首要表现。

D 特质人士要相信："仰天大笑出门去，我辈岂是蓬蒿人！"

我们要像领袖一样，敢于向未知的领域发出挑战！

倘若我们否认自己贪嗔痴的执念，就会陷入深深的挫败感。我们其实都是 D 特质的拥有者，目标清晰，行动果敢，只是我们的真我穿上了世俗的外衣罢了。

I 特质人士要相信："花开堪折直须折，莫待无花空折枝！"

我们要像行者一样，大胆地向世界说出自己的看法！

倘若我们明明有了新的创意，却依然要妥协于惯例，那我们要语言作什么用呢？

S 特质人士要相信："梅须逊雪三分白，雪却输梅一段香。"

我们要像仁者一样无可无不可，这才是最自然的自己！

倘若你一定要有对错的标准，请不要告诉我。因为你说的都对，而我只想静静地做自己。请放自己一马，做一点自己真正想做的事情。

C 特质人士要相信："世人皆醉我独醒，举世皆浊我独清。"

我们要像智者一样，洞悉一切且笃定地相信自己！

没有人在乎智者说的是否逻辑严密，但是他依然沉醉于严谨的推理，批判自己的思考是否中立。

孔子说，吾道一以贯之！曾子理解为忠恕，孔子便也没说什么。或许孔夫子心想，曾参天资不算聪慧，能够在忠恕二字上下功夫，也不失为修炼自己的一种途径吧。

结束语

DISC 这个矩阵，从事情与人情，从直接与间接，帮我们理解复杂的世界、跨越山丘，亦不失为一种修行的工具。

愿所有曾经或此刻被困住的心灵，都能跨越山丘——

在沟通上放下自己，在爱情中找到自己；

因孩子而成长，因认识爱上自己。

谨以此文致谢我的导师海峰老师，中国 DISC 之集大成者——他是真正让这个工具在众多行业开花结果的高人。

刘先芳

DISC+讲师认证项目A19期毕业生
项目管理领域十年老玩家
战略型PMO
世界500强跨国集团项目经理

扫码加好友

刘先芳 BESTdisc 行为特征分析报告

CDS 型

2级 工作压力 行为风格差异等级

DISC+社群

报告日期：2023年04月14日

测评用时：08分14秒（建议用时：8分钟）

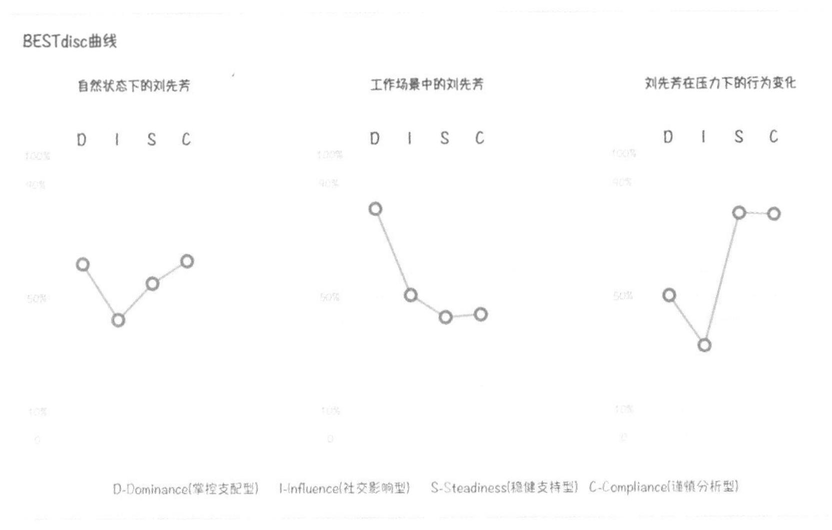

刘先芳是个自信、决断、逻辑分明的人，善于制订计划和进行思考，有使命感；她善于审时度势、愿意倾听别人的想法，当情况或事情对自己非常重要时，会主动适应环境；没有人会质疑她独立工作的能力，以及独立承担艰巨任务的决心；她注重事实和经验，当事情超出她的教育背景或已有经验时，她会确保掌握所有事实、清楚所有细节，并反复核实。

项目化四维咨询法

最近几年，越来越多朋友来向我咨询——关于职业的选择，是继续读书还是先工作；关于婚姻的选择，是离婚还是继续生活下去；关于职场的选择，是离职还是继续忍受领导……

任何人的答案都是参考答案，只有自己的才是正确答案。作为一名DISC咨询顾问，结合近十年的项目管理经验，我总结了一套项目化四维咨询法，并借助它顺利地完成了一次次咨询，引导无数个纠结的案主找到了自己的答案。

什么是项目化四维咨询法？

项目化四维咨询法，简称6R咨询法，是一套打通了道、法、术、器四个维度的方法。为了更好地保障交付质量和满意度，每个维度都不可或缺。

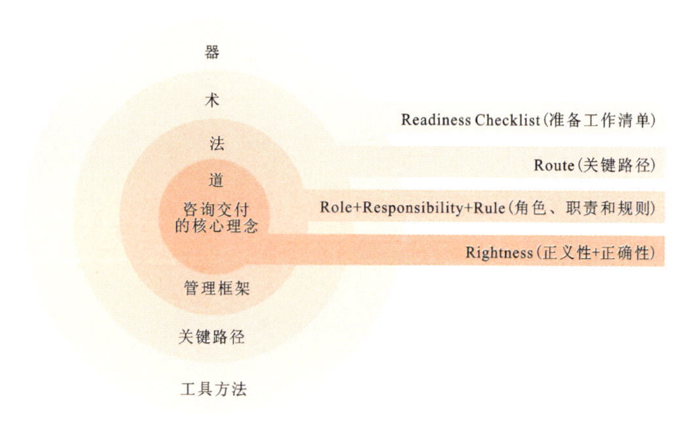

项目化四维咨询法之“道”

道，像一只引领我们的看不见、摸不到的手，贯穿于整个咨询流程。咨询之前，需要明白做这件事背后的逻辑和理念到底是什么。更重要的是，在交付过程中，充分确保其正义性和正确性，不可违背。

在做咨询的过程中，需要遵循三个核心理念。

(1)稳态和动态是相对的，并且相互转化，焦虑无益，一味求稳，也难有作为。

(2)个性与共性、个体和群体，相互依存，只有不同，没有异类。

(3)向内观自己，向外观世界。遇事求诸己，利他则利己。

项目化四维咨询法之“法”

确保咨询全程一直走“正道”的管理框架，就是法。法分为三个部分：**角色、职责和规则**。通过它，来构建一个相对受控的交付环境，最大限度地保障咨询能符合案主预期。

角色和职责密不可分。首先是咨询专家，其次是案主的朋友。我的职责是先问再听，及时反馈、及时小结，只给建议，不做决策，真诚地对待案主。

我所遵守的规则，包括以下两点：

(1)建立分类分级应对策略。我会结合过往经验，评估案主的基本信息、所处阶段、咨询主题、改变意愿的强度、发生改变所需资源等维度，并提前设计应对策略。另外，每做完一次咨询，我都会及时复盘，更新策略，以提升咨询功力。

(2)遵守人和互动大于流程和机制这一金科玉律。不管做咨询还是做项目，我都密切关注人，将人的需求摆在第一位。

项目化四维咨询法之“术”

术是指咨询交付的**关键流程路径**，整体流程分为如下关键几步。

第一步：对齐预期。对咨询预期达成共识，是为了帮助案主认识自己和了解他人，而非直接给答案。

第二步：信息收集。收集基本信息，如家庭背景、职业职务和团队情况等。

第三步:厘清验证。厘清现阶段最重要的问题或目标,把对话建立在真实场景中,持续澄清和验证。

第四步:提出建议。问询案主的理想状态,引导其思考下一步行动,给出初步建议。

第五步:总结确认。概括问题和建议,确认案主正确并完整地接收信息。

第六步:持续跟进。持续关注,跟进改变动态。

路径中有几个关键点:

管理期望值。在正式开启咨询前,一定要先和案主明确咨询目的,设定一条清晰的边界线,定义好交付的范围。

及时回顾。每沟通完一个复杂话题,就及时小结,确保案主能一直同频。咨询结束后,及时回顾整个流程。

掌握提问技巧。提前设计好问题内容及顺序,由浅入深。更为重要的是,需要根据现场咨询的实际情况灵活调整问题。

项目化四维咨询法之“器”

器,就是用什么工具和方法。在咨询交付前,制作一份**准备工作清单**,能帮助我提升交付的效率。一份清晰的清单,不仅能促使项目快速启动,也能帮助提升顺利交付项目的信心。

清单包括以下几项内容。

(1)DISC 理论实践知识。

(2)个人知识管理体系。

(3)案主档案模板。

(4)其他任何有助于推进咨询的理论、工具或表单。

巧用四则运算

和做项目一样,针对不同案主的需求和期望,需要灵活“剪裁”咨询策略。只有和案主同频,才会有更好的咨询效果。

在面对 D、I、S、C 四种不同特质的案主时，需要正确使用“＋”“－”“×”“÷”四则运算的不同算法。

D:启发做除法 消除执念 放下身段 ÷	I:推动做减法 减少犹豫 减少干扰 －
× 持续拓宽视界 加倍提升内啡肽 C:引导做乘法	＋ 多多表达 多加探索 S:指引做加法

S 型案主：值得依赖，不愿改变现状。

面对 S 型案主，我交付的是一盏茶和一个充满力量的握手。引导 S 型案主做加法，鼓励他多加探索。像置身茶室一样，以足够多的耐心，放缓语速，鼓励他多多表达、多做尝试，引导他厘清思路并果断决定。咨询结束时，我会用力与他握手。

一位新零售领域的管理者，她手下有 10 多名员工，平时大家其乐融融，但每每工作上遇到重大决策，这些员工就会掉链子甚至撂挑子。即便她使出了各种招数，也无济于事。

我问她：“您想让员工怎么看您？”逐步引导她得出答案：“首先是领导，其次是朋友。”鼓励她勇于在员工面前表达自我的真实感受，多多展现不同的管理风格，除了采用民主型管理，还可以采用策略型和权威型管理。咨询结束，我用力地和她握手，还给了她一个结实的拥抱，鼓励她按照自己所想的大胆地去设计，并在真实的工作场景中做出改变。

I 型案主：易于亲近，只是有时想法过多。

面对 I 型案主，我交付的是一把发令枪。推动 I 型案主做减法，减少犹豫和干扰。先推他到一个跑道上，鼓励他慢慢小跑起来。

一个来自电商领域的案主，做管理者三年多，最近被一个跟随自己两年多的下属“坑”了两次，现在很纠结到底是开除他，还是自己直接离职。

我帮她重新定义和分解问题，让她意识到当前的主要目标是，借助公司某个即将启动的新项目这股东风，带领团队打个漂亮的翻身仗。只是在启动之前，得先立边界和定规则。

C 型案主：单独作战能力超强，只是有时不被团队理解。

面对 C 型案主，我交付的是一张离岛的船票。引导 C 型案主做乘法，持续拓宽视界，加倍提升内啡肽。

一位工作三年多的博士后，从事的工作虽然不对口，但他自己很喜欢，也很有成就感，只是慢慢发现领导和同事并不太认可他，怀疑自己是不是有什么毛病，犹豫应不应该换个行业。

剔除他的自我否定和怀疑后，我引导他觉察到：他所在的小孤岛固然舒适，但当岛上遭遇疾风骤浪，还是得及时撤离。目前他需要的，只不过是一张离岛的船票，一个应该主动发出的求助信号。最后，我帮他把目标对准了打造健康的职场人际关系，让他多向外看看，关注他人的感受，试着加强和同事们工作之外的联系，主动提升内啡肽。

D 型案主：像一头战狼，只是有时容易陷入执念。

面对 D 型案主，我交付的是一把理发师手里的推刀。启发 D 型案主做除法，消除执念，放下身段。

一位深耕于 IT 行业十余年的高 D、C 特质管理者向我抱怨，手下的百十来号员工青黄不接，年长些的多选择了躺平，年轻些的一时也难以指望，全部开除也不现实，很困惑，不知道怎么办。

在咨询的前几分钟里，我通过一系列严谨的提问，持续引导，查漏补缺，帮他快速找到了那个“啊哈时刻”。他意识到，我是一个手持推刀的专业理发师，在整个咨询过程中，一直跟随我的思路。同时，他也逐步认识到，不是团队不行，而是没有找到高效协作的方式。最后，他对激发团队士气有了一些新的思考。

当然，面对 D 型案主，有时还得让他感受一下温柔的小拳头，轻轻地锤锤他。咨询结束时，我提示他高处不胜寒，适当时候可以放下身段，多多展现自身的魅力。

练就无招胜有招的功力

明确交付内容及怎么交付后，我们还要注意避免一些误区和陷阱。

(1)痛点≠痛苦，痛点＝尚未实现的需求。很多时候，有痛点才有提升的可能，有痛点才有转变的希望。

(2)案主的问题，不是全都要解决。咨询顾问要学会定义问题、重构问题。

(3)咨询顾问新手应避免直接代入他人来分析，比如某位名人或者身边的朋友，也不要给案主提供放之四海而皆准的制式建议。

(4)有些人比较忌讳年龄，咨询顾问应避免直接问年龄，但可以结合工龄及团队情况等相关信息辅助判断。

(5)最好不要直接坐在案主正对面，以免对方产生对抗感。

当然，最重要的是，不可只练招式，不练“内功”，否则招式就成了花架子。真正的高手，能见招拆招，将各种招式掰开揉碎、重新组合，生出无穷的变招。

中华武术，讲求无招胜有招。在郑州少林国际武术节期间，有两位和尚小师傅给我留下了深深的印象，一位表演挂树倒吊，另一位表演少林绝技朱砂掌。乍一看，不过就是简单的招式，但他们能轻轻松松一连表演数个小时，这需要的就是极其深厚的功力。

我们肉眼看到的，不过是招，是形；看不到的，是道，是法，是对阴阳虚实的控制。不参其道，不得其法，不明其力，再好的招也没多大用处。

好的咨询顾问，需要经历以下三个阶段。

阶段一：无招时，专业地说话。先刻意模仿框架，练习不同的招式，遵循“道法”，打牢基础。

阶段二：练成招时，说专业且独家的话。从形形色色的案主身上，从个人咨询的经验教训中，从他人的优秀实践中，多多汲取养分，形成具有鲜明个人特色的咨询交付体系。

阶段三：回归无招，“想人事，说人话”。在实践中不断验证、迭代和打破自己的认知体系，力求做到得心应手，能随时随地用心对话，没有一句空话、套话，而是用最简单的话，帮助案主厘清思路，走出泥潭。

心向往之，道阻且长，行则将至，与君共勉。

王伟

DISC+讲师认证项目A18期毕业生
通信行业集团级项目经理
场景模式专家级咨询人才
市场营销复合型专业讲师

扫码加好友

王伟 BESTdisc 行为特征分析报告
IC 型
0级 无压力 行为风格差异等级

DISC+社群

报告日期：2023年04月09日
测评用时：04分13秒（建议用时：8分钟）

BESTdisc曲线

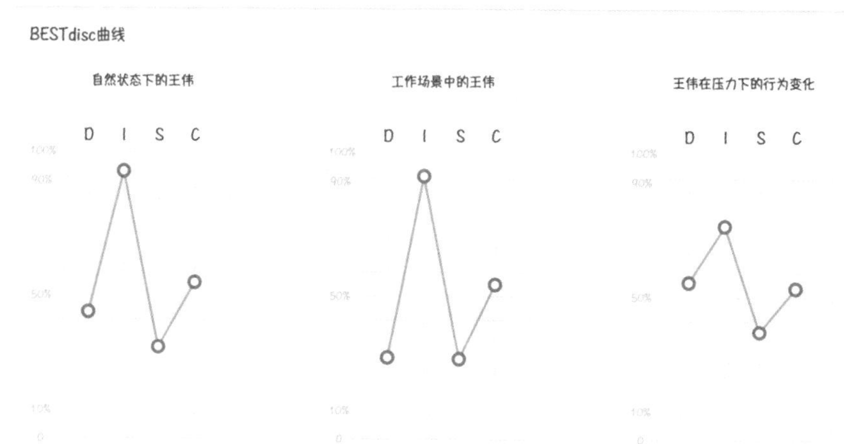

D-Dominance(掌控支配型) I-Influence(社交影响型) S-Steadiness(稳健支持型) C-Compliance(谨慎分析型)

王伟善于人际交往，而且非常乐观向上，喜欢专注于外在世界的人和活动，把精力和注意力集中对外，从跟别人的互动和行动中取得动力；他能用一个非常吸引人的美妙愿景或一种核心目标感来说服和影响别人；他更喜欢与熟悉的领域相关的，或者是要求关注细节性、确保质量和准确性的任务。和谐的人际关系和友好的工作环境等会调动王伟的工作积极性。

依托 DISC 建设更好的人脉

俗话说：在家靠父母，在外靠朋友。

朋友是每个人生命中重要的资产和财富，也是个人影响力的体现之一。朋友，可以帮助我们快速解决问题，也能给予我们更多机会，让我们看到更多可能性。

人脉理论

英国人类学家罗宾·邓巴提出了著名的“邓巴数字”概念：由于人类大脑的容量和工作事项，人类智力允许人类拥有稳定社交网络的人数平均大约为 150 人。最贴心的好朋友 1.5 个，亲密朋友 5 个，至交 15 个，熟悉的朋友 50 个，普通朋友 150 个，认识的人大约 500 个，记得住名字的人 1500 个，对脸有印象的人 5000 个。

关于“邓巴数字”，还有三点特征：第一，一般来说，内向的人，每一个层级的朋友数都比外向的人少；第二，与陌生人成为好朋友，大约需要相处 200 个小时；第三，随着年龄的增长，朋友关系变得越来越难以建立，每一个层级的朋友数都会下降。

DISC 理论可以帮助我们根据不同人的行为风格进行分类，并采取不同的沟通模式，用别人更能接受的方式来提升人脉的质量，从而更快速、更高效地打造好人脉。

支配型（D 型）—— 共引领

特点：爱冒险、胆大、直面困难、行动果断、坚持不懈、善于自我激励。

他们擅长号召大家一起开展工作,想法有前瞻性,喜欢挑战,希望掌控一切;有野心,做事以结果为导向,能跳出固有思维;有着坚定的目标,不受琐碎事情的控制和影响,常常推动改革;喜欢表达自己的思想和观点,比较容易发怒,会让人觉得不好打交道。

我的同学曹鹏就是支配型人士。他大学毕业后在华为工作,当时他的工资已经是我的 10 倍以上,还不包括各种福利以及各种资源。后来,他辞去了这份很多人都梦寐以求的工作,自己创业。我很不理解。他说,他的目标不是要当一名优秀员工,而是要做能独当一面的元帅,在企业里,虽然比较稳定,但发展空间也是比较有限的。

和支配型人士做朋友,可以给我们力量、方向、目标。他们清晰地了解自己追求的目标和现状之间的差距,敢于行动、敢于决策、雷厉风行。

他们擅长做引领者。当我们遇到困难的时候,无论是在心态、方法上,还是在技能上,他们都愿意提供思路和指引,为我们的发展路径提供方法和参考。当我们还在犹豫时,他们能给我们提供力量和信念。

支配型人士,一切以结果为导向,他们在引领自己的时候,也在引领身边的人。无论是团队成员,还是身边的朋友,都能从他们身上汲取力量。

影响性(I型)—— 善激励

特点:自信勇敢、乐观、充满魅力、富有说服力,拥有鼓舞人心的能力,喜欢交朋友,值得依赖并广受欢迎。

他们擅长激励伙伴为团队目标而共同行动,通过协同完成工作;他们关注人与人之间的密切联系,他们希望自己的表现能获得更多的认同;他们不注意细节,往往也容易偏信他人。

李梅就是影响型人士,无论是上级、下属,还是其他部门的同事,对她都非常认同。她经常和我分享工作和学习上的一些观点。记得我刚从运营商到咨询公司的时候,她送了我一本书《终身学习——哈佛毕业后的六堂课》。这本书让我对现状进行了深度的分析,并对健康、思维、情绪、关系、事业、财富方面有了更多的认知。

他们是值得长期信任的朋友,可以在多个方面帮助我们。每个人都有自己情绪低落的时候，都有自己迷茫的时候，正所谓“当局者迷旁观者清”，影响型朋友就是最好的交流对象，他们的创意或许能为我们打开一扇窗。我们可以学习他们的思维方式，学习他们正面、乐观、积极向上，用正能量来丰富自己的内心的处事方法。

稳健型（S型）—— 有爱心

特点：友善、亲和力强、富有耐心和同情心，是很好的倾听者；追求长期的稳定，是可靠的合作者。

和他们相处，似和风细雨，很少有冲突，他们是长期朋友的最佳人选；他们韧性强，始终坚守内心的目标。

唐嫣是典型的稳健型人士，曾参加过集团、省级、市级的项目支持工作。她从不追求个人名利，在工作中一丝不苟，尽心尽力，得到大家的好评。虽然话不多，但每次都能深中肯綮。经过多年的努力，她从支持人员逐渐成长为部门总经理助理、部门副总经理、部门总经理，成为公司里面缺一不可的骨干人员。

稳健型人士犹如春笋，在前期看似没有什么变化，雨后便会爆发式地成长。和他们做朋友，会感受到温暖。他们是支持者，能给团队做好配合工作；他们是长期主义者，可提供持续的支持，是团队的定心丸；他们是爱心者，在团队里起着润滑油的作用，让团队成员相处愉快。

稳健型朋友，犹如夏日的凉风、冬天的暖阳，给人带来一种舒服的感觉。

谨慎型（C型）—— 擅分析

特点：拥有准确、谨慎的分析和判断能力，能站在客观的角度，结合事实去解读；拥有严谨的思维，能够得出高标准的看法；富有责任心，稳健可靠，不随波逐流；能依据专业能力推动项目。

黄亚是我大学会计专业的同学，他是一位谨慎型人士。只要有机会，我们都会在一起交流。和他在一起，能得到很多不一样的角度和办法。我非常感谢他曾给我的两个建议：建议我从会计专业转向市场营销专业；买房子要趁早。

谨慎型朋友可以给我们提供更多理性的分析、合理化的工作建议。他们能在杂乱的现象中抓住事物的关键，这是一种能力，更是一种智慧。他们清楚现象背后的原因和底层逻辑，考虑问题更加全面，所提供的建议针对性更强。

谨慎型朋友，是“慢就是快”的代表，我们可以向他们学习不盲动、不乱动，分析关键因素、解决关键问题的行事风格。

人脉对自我的定位和建议

人脉于我而言，不是有多少人能够帮助我，而是我能够去帮助多少人。找准自身定位，给别人提供更多的帮助，才能提升自身的价值。自身价值提升以后，就能够获取更多的人脉。

如何才能提高自身价值呢？

让自己成为灯塔，为别人多引路。

首先是发挥I特质，提升影响力。无论是做管理，还是做营销，都要有能影响别人的能力，有让人喜欢的性格特质，让别人能第一时间想到自己。

其次是发挥C特质，提升分辨力。针对不同群体结合实际情况提出不同的专业建议，有效地解决别人的问题。

第三是发挥S特质，提升亲和力。在和别人交流时，要站在对方的角度去思考问题，让对方能够对你产生一种“相见恨晚”的感觉，这样可以与对方保持长久的联系。

第四是发挥D特质，提升总结力。在和别人交流结束后，对整体的脉络进行回顾，让大家更加全面地了解整体的信息，进而认同你的能力。

让自己成为参谋，为别人出主意。

首先是知人。在沟通中识别别人的特点，用他们能接受和理解的方式去交流。沟通的内容是关键因素，但不是决定因素，而沟通方式决定了别人最终的接受度。

其次是知事。了解对方在目前工作中遇到的现状、难点、问题，针对性地给出解决的办法和方案，做到对他们有帮助。

第三是知理。把道理的底层逻辑分析清楚，在事情的过程、细节、结果上去做文章，帮助对方解决相应的问题，并提高自身的水平和能力。

让自己成为能手，为别人梳流程。

在工作梳理中，可以通过不同的方式加强我们对内容的把控和影响。

第一种按时间线梳理，即按照事前、事中、事后进行分析，提出合理化的建议，让大家能够有效地提升处理事务的能力。

第二种按结构线梳理，即按照领导、管理、执行三个层级进行讲解，站在不同的岗位和视野分析，让大家以更加全面的视角工作。

第三种按主次线梳理，即对现有问题的主要原因、次要原因、影响原因进行分析，重点解决关键问题和核心矛盾，不求全面解决，而是有效解决。

第四种按结局线梳理，即按照结果的好坏去分析，好的结果能带来哪些便利，坏的结果需要承担什么损失，中等情况又有哪些得失，帮助大家有主次地解决问题。

让自己成为力量，为别人补短板。

为别人补齐短板可以通过四个方面：

第一是让别人的长板更长，通过系统化的思维和方法，让他们更加精进、更加成熟。

第二是让别人的长板更多，挖掘他们的特点，帮助他们将相对优势转化为绝对优势。

第三是让别人的短板更短，帮助他们看到自身短板的情况，为他们找到有效的改善路径，成为他们在能力提升中不可或缺的人。

第四是让别人的短板更少，打开三方视角，帮助他们分类别、分层级、分时间提升自身的能力，有效减少短板，成为更加优秀的人。

结束语

人脉关系是我们在生活中要面对的重点话题，完美的人脉可以让我们的生活更高效、更完美、更精致。如何建立完美的人脉呢？需要我们在实践过程中,以结果为导向,不断向上思考、向下行动、横向统筹,做到因人制宜、因时制宜、因地制宜,提高人脉关系的质量。

准则——注重差异。不要企图对所有人都一样好,投入一样多的时间,对所有人都好就是对所有人都不好。建议按照“邓巴数字”的分类,重点深耕,让我们在成长中获得更多的指引。

重点——持续行动。建立人脉不是一朝一夕的事情,人脉伴随着我们的生活与工作,需要不断地丰富与完善。

关键——及时反思。第一时间总结和反省,做得好的地方要总结经验,需要优化的地方要进行修正和改善,只有不断地反思,我们才会更加成熟。

最后,祝愿每个人都拥有完美的人脉。

罗茵

DISC+讲师认证项目A9期毕业生

肆一创创新培训工作室联合创始人

沉浸式剧本杀培训金牌引导师

上市企业培训专家

扫码加好友

罗茵 BESTdisc 行为特征分析报告

CS 型

3级　工作压力 行为风格差异等级

DISC+社群

报告日期：2023年04月08日

测评用时：04分26秒（建议用时：8分钟）

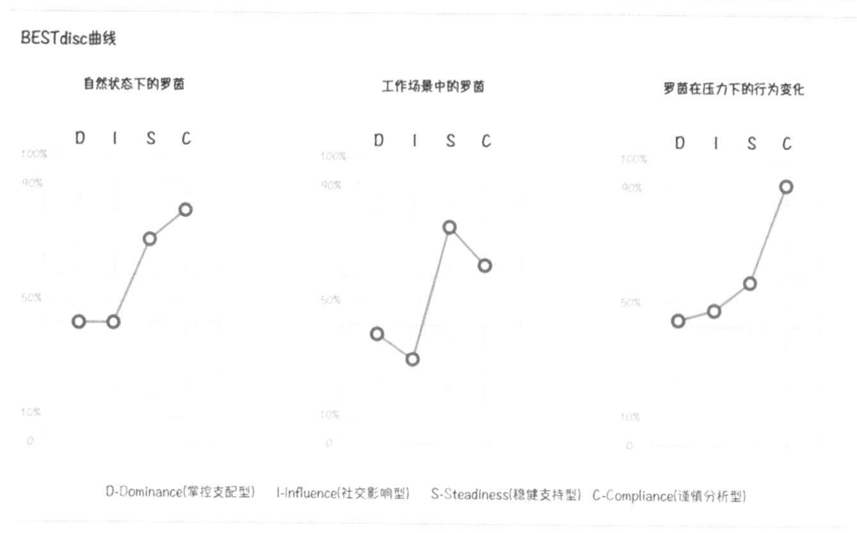

罗茵关注细节、程序和数据，能很快领会关键信息，在专业技术方面的表现尤其出色；她的沟通风格十分温和，善于专心聆听，能轻松地适应各种情境，应对别人施加的压力；她相当努力而尽责地工作，并且喜欢执行要求准确性和高标准的任务；她办事可靠，有很优秀的行政管理和组织能力，能轻松地处理日常公务，对重复性和细节性的工作很有耐心，行事随机应变。

沉浸式剧本杀创新培训模式

在培训课堂上，我们常常见到这样的场景：

讲师在台上万分激动，学员在台下一动不动；

讲师跟学员努力互动，学员跟手机难舍难分；

讲师要收掉学员手机，学员竟然要呼呼大睡。

今天，大家获取知识越来越便利，学员不想再听一些基础的理论知识。特别是“95 后”“00 后”开始步入职场，这群可爱的新新人类只选择自己喜欢的事物，想让他们参与课堂互动越来越难。

比如说“客户服务”这个课程，有很多经典的理论和实用的案例，但仍然需要添加一些新的东西。作为培训师的我，研发了沉浸式剧本杀培训课程，并取得了不错的成绩。

一次创新的决定

如果说决定沟通效果的不是我们习惯的沟通方式，而是对方接受的沟通方式，那么决定培训效果的也不是我们传统认知的培训形式，而是学员更喜欢的培训形式。

学员更喜欢的培训形式到底是什么呢？学习是反人性的，枯燥的学习更是反人性的，没有人天生喜欢学习，但是总有人喜欢玩游戏。如果学习也是一场游戏，是不是这个问题就可以解决了呢？这一次我的创新课程设计，就从这个思路开始。

有一个客户希望采购“客户服务”培训课程，培训对象都是“90 后”，还有两位“00后”。他们有一定的客户服务工作经验，意思是他们并不是背不下来服务话术或者不知道服务流程，而是没有重视客户服务这件事。因此，传统的培训课程不能满足这位客户的需求。

在探讨的过程中，有一位资深的剧本杀玩家提了一个想法——有没有可能用剧本杀的形式来做这次培训呢？这两年，很多年轻人都喜欢玩剧本杀。

最早的剧本杀基本上都是谋杀案，需要推理破案，找出凶手。后来发展出来更多类型，包括演绎本、机制本、欢乐本和换装本等等。

剧本杀里有剧情、有讨论、有复盘，这不就是咱们培训中的情景演练、课堂讨论、翻转课堂、复盘输出吗？让学员在体验中去感受、去理解、去思考，最后在过程中得出结论，去实施、去改变。

美国著名咨询师艾伦·韦斯先生说：“逻辑让我们思考，但情感让我们行动。”乐趣可以帮助人们改变行为习惯。游戏化正是通过创造乐趣来实现更多的现实目标，也是企业管理方式深度变革的正确方向。如果培训后的学员有行动、有改变，这不正是我们做培训想要达到的效果吗？

基于这些思考，我决定做一次全新的尝试，自己来设计一套沉浸式剧本杀培训课程。

从剧本杀到剧本杀式培训

说干就干，我开始从0到1设计一套剧本杀并且使其变成课程，希望学员既能从中享受到乐趣，又能学习到知识。

我从剧本杀设计的角度开始：故事情节跌宕起伏，人物关系错综复杂，各种细节做到极致。光是人物背景和故事背景的线索图，就画了满满的一大张纸。

第一次内测，每个人演绎一个角色。学员们都赞不绝口，沉浸其中无法自拔，意犹未尽，结束几天后还在讨论里面的情节。然而，一次剧本杀只能6～10人参与，很难满足企业培训的要求。

第二次内测，用分组形式进行。没想到“翻车”了，因为情节和线索过于复杂，学员沉浸在“寻凶”里无法自拔，导致小组内部无法达成共识，培训主题也就被无视了，最后玩了6个多小时还没结束。

于是，我决定减少不必要的线索和背景，突出且明确主题。但是，又“翻车”了，学员反馈太无聊，而且一看就知道是培训的套路。

经过一次次改变人物背景与推理结构，一次次验证学员反应和参与程度，一次次复盘课程目标，我终于研发了全国第一个拥有独立版权的客户服务主题沉浸式剧本杀培训课程——“谁杀死了你的客户”。

剧本杀设了6个角色，学员可以根据到场的先后顺序，任意选择一个角色，参与开幕剧表演、读本、自我介绍、提问、搜证、辩论等环节，齐心协力寻找凶手。每一位学员都完全沉浸其中。

在找到凶手、结束剧本后，培训师带领学员们抽丝剥茧地探寻每个人物隐藏的信息和特点。在这个过程中，学员忽然发现在这些角色身上都能找到自己的影子，而角色所遇到的问题自己在工作中也可能遇到。

很多服务行业的老员工都感慨：“我从来没有觉得自己的服务有问题，但是今天我看见了自己的不足和提升的空间。”

从 DISC 看剧本杀培训设计

我依据 DISC 理论，在设计剧本杀式培训课程的时候，力求照顾到不同学员的需求。

我把 DISC 理论贯穿于设计过程，从明确培训目标（D）到设计合理逻辑（C），从编写创意故事（I）到打造沉浸感受（S），让设计的剧本杀更全面。

明确培训目标（D）

不以解决问题为目标的培训，都不是好的培训。即使是借鉴了剧本杀的形式，也不能没有目标。

一般来说，企业的目标是比较清晰的，它主要围绕企业需要解决的问题，以及想要达到的效果。

以我近期定制的一个课程为例。随着大量“95后”和“00后”进入职场，企业希望通过创新的培训形式，让新员工在入职后尽快理解并接受企业文化，持续地宣传企业文化和价值观。

明确目标以后，还需要明确衡量指标。企业文化类剧本杀培训的衡量指标就是让员工记住公司企业文化的关键词，并能够描述出如何在常见的工作场景中运用企业文化解决遇到的问题，同时对企业文化有一定的认可和归属感。所以，培训后，可以增加考试环节去考察员工对于关键词的记忆，并通过问卷调查员工对于企业文化的认可程度。

设计合理逻辑（C）

明确培训目标之后，就需要搭建框架。剧本的逻辑、人物的关系、线索的关联、知识点的串联等都需要有合理的逻辑，不能前后矛盾。测试过程中如果有逻辑不顺的地方，则需要再做修改。

剧本最重要的是故事线、人物关系以及相关线索三个部分。

故事线大多是分幕进行。开幕剧交代前情或是故事的开端，第一幕会交代每个人物的身世、背景以及经历，第二幕是人物之间相关的故事情节。

在每一次的剧本杀培训课程设计的初期，光是人物关系我就要画出几张思维导图，以展示所有人物的关系，各个人物之间的矛盾点以及纠纷等。

除了个人的身世背景以及经历需要设计之外，相关线索也要一环套一环，我还需要思考：这些人物为什么聚在一起？聚在一起时发生了什么事情？如果涉及凶案，死者是谁？凶手是谁？杀人动机又是什么？

逻辑不通的剧本，会让学员在阅读剧本的过程中“出戏”，感觉剧本像是为了培训而硬编的，学员的参与度和沉浸感也会不如预期。

此外，我还需要考虑如何把知识点埋进剧本，达到自然流畅且逻辑自洽的效果，使学员通过剧本杀体验及复盘，进一步深入学习更完整的方法论，实现知识闭环。

编写创意故事（I）

有了明确的培训目标和合理的逻辑框架，往里面填内容就可以了吗？

答案是：还不够！人们通常对故事痴迷，却不爱听人讲道理。所以，还需要考虑如何在设计好的逻辑框架上，编写一个既容易理解又不容易引发歧义的故事。

比如我设计的“谁杀死了你的客户”，目标是提升员工的服务意识，采用的是常见的服务场景；“沉默的真相”，目标是让管理者重视并感知员工的情绪和需求，采用的是人才选、育、用、留的场景。这类场景源于工作，但又不限于企业内部的工作场景，而是换了一个形式，让学员跳出工作环境获取培训知识。

更有创意的故事才能为学员创造沉浸式体验。技能类的课程，像谈判技巧主题的“幸福镇”和沟通协作主题的“肆一镖局”则是架空的背景。通过创造一个脱离真实工作场景的架空环境来配合主题，让学员不会对这些场景产生反感，也不会感觉到不适。

打造沉浸式体验（S）

小说能让我们沉浸其中，是因为读者常常会把自己想象成里面的某个人物。剧本杀就是利用了这个阅读习惯，让每个人都有自己的剧本和故事，在阅读剧本的过程中快速进入故事情节。

沉浸式剧本杀培训正是依托于学员的沉浸式体验，将传统课堂进行翻转。讲师从课程的主人变成推进环节的主持人；学员则化身课程的主人，从扮演角色中自主学习与积极参与，真正实现企业的培训目标。

如果讲师没有办法代入角色，那么整个培训的场域包括学员都很难快速完成身份转变和角色代入，更难有沉浸式体验。

比如“谁杀死了你的客户”里，讲师的身份是一名警察。在整个过程中，讲师的言行要符合角色，要相对严厉一些，要用严肃的语气，将学员带入故事。

此外，现场的座位分组、教具的摆放、场景照片的陈列、背景音乐的播放、人物服饰的配置等，都能够帮助学员更加沉浸其中。

结束语

我研发的沉浸式剧本杀创新培训模式，已经取得了不俗的成绩。希望这套轻松好玩的全新培训形式给更多的学员带来实实在在的改变，为企业带来新的增长。

宋美莉

DISC+讲师认证项目A19期毕业生

AACTP国际注册培训师

设计人生认证教练

扫码加好友

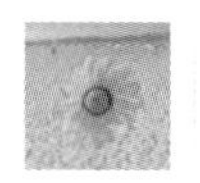

宋美莉 BESTdisc 行为特征分析报告

ISC 型

0级 无压力 行为风格差异等级

DISC+社群

报告日期：2023年03月16日

测评用时：04分43秒（建议用时：8分钟）

宋美莉善于人际交往，而且非常乐观向上，慷慨大方，有同理心，待人热情，愿意支持别人；她会努力确保环境的和谐，构筑融洽关系；她是一个谨慎的人，倾向于遵循程序，关注事实和数据，对组织十分忠诚；在行动之前，她需要尽可能地多掌握资料；一旦接受任务，她会迅速组织、策划和执行，努力完成任务。

DISC 在演讲中的运用

“大多数研究证实，人类最害怕的是当众演讲，第二害怕的才是死亡。死亡只排第二，这意味着，如果你去参加葬礼，即使躺在棺材里也比上台讲话好受些。”

这是一位美国喜剧演员说过的一段话。虽然有些夸张，但也说明大多数人对演讲的态度。

想想我们从小到大的经历就知道了。当老师提问并点名回答的时候，心里都在祈祷千万不要点到自己。真的被点到名的时候，即使自己会回答，也会磕磕巴巴；毕业论文答辩时，面对导师的现场提问，紧张得仿佛心脏要从嗓子眼里跳出来；步入社会才发现，公众演讲简直无处不在，如自我介绍、工作汇报等等，提前背得滚瓜烂熟的演讲词，一上台，全忘了，大脑顿时一片空白，最后惊慌失措地下了台。

纵观古今，所有顶尖人物、成功人士都是公众演讲的高手。战国的张仪，雄辩口才纵横天下，三寸不烂之舌胜于百万雄兵。苹果公司的前总裁乔布斯，以令人叹为观止的精彩演讲，使苹果手机风靡全世界。他 40 岁回归时的演讲，成功拯救了离破产只有 90 天的苹果公司，并开启苹果公司之后的辉煌，使其一跃成为全球市值最高的公司。

卓越的演讲能力使我们从人群中脱颖而出。既然演讲能力如此重要，我们要在哪些方面进行提升呢？接下来讲讲关于演讲方面的技巧。

演讲技巧

把故事讲好，让故事有情节

讲故事对演讲非常重要。怎么样才能把故事讲好，而不是说流水账呢？好故事要像电影一样，有情节、有感情。下面来介绍一下设计故事七步法：

第一步，主人公有什么目标？

第二步，他遇上了什么困难？

第三步，他做出了什么努力？

第四步，他努力后得到了什么结果（一般是不好的结果）？

第五步，能改变一切的转折点是什么？

第六步，情节如何得到了逆转？

第七步，故事的结局。

在金庸的武侠小说里经常会有类似的情节，例如《倚天屠龙记》中的男主人公张无忌，原本和父亲张翠山、母亲殷素素以及义父谢逊居住在冰火岛，过着无忧无虑的生活。他在10岁的时候回到中原。为了守住义父下落的秘密，他的父母在群雄面前自尽，张无忌顿时成了孤儿，他自己也因为中了玄冥神掌而生命垂危。

后来，他被常遇春带到蝴蝶谷治病，但有“医仙”之名的胡青牛，只能减少他的寒毒发作，却没办法为他把寒毒全部祛除，他忍受着寒毒的煎熬。

接着，改变一切的转折点发生了。昆仑山上，张无忌被觊觎屠龙刀秘密的朱长龄逼得走投无路，选择跳崖。幸运的是，掉进悬崖底的张无忌没有死，还练成了失传百年之久的绝世神功——九阳神功。

从此张无忌的人生就彻底改变了。他在光明顶力战六大派众高手，力挽狂澜，成为明教教主，之后笑傲武林。

幽默，逗乐观众

幽默对演讲也非常重要。幽默能使观众以放松的心情投入到演讲中。那么怎么才能把幽默运用到演讲中呢？

放松的心态。

放松是幽默的基础，演讲者的情绪会感染观众。

如果演讲者紧张了，观众也会跟着紧张。在紧张的状态下，就算讲的是世界上最好笑的笑话，效果也不会太好。在台上非常幽默地把观众逗得前仰后合的演讲者，绝大部分都是因为演讲者对这个内容已经非常熟悉了。所以，放松的前提就是演讲者对演讲内容非常熟悉。只有极致的放松才能产生极致的幽默效果。想要在演讲时刻极致放松，需要刻意、不断地练习。

自嘲。

自嘲不但可以让观众笑，也是一种人生智慧。

人们都不喜欢把自己的姿态摆得很高的人。如果把自己的姿态放低，就会被更多的人喜欢。自嘲是一种智慧的幽默，是一种鲜活的态度，它可以使原本尴尬、紧张的气氛瞬间变得轻松无比，也可以把对方的敌意化解为笑声。自嘲既不会得罪人，又能在轻松愉快的气氛中传递亲切、友好的态度，赢得对方的赞赏和好感。

意外。

搞笑的核心在于情理之中、意料之外。

当观众觉得你想表达的是 A，但你突然讲了 B，这时候，大家就会笑起来了。

举个例子，当你上台演讲时，台下观众给你鼓掌了，你说："不要，不要……"当大家停下来时，你说："不要停，不要停！"这时候，大家就会非常热烈地鼓掌，同时伴随着愉快的笑声，现场气氛马上被调动起来。

演讲风格

除了一些演讲技巧以外，我们还要找到适合自己的演讲风格。

演讲风格并不是千篇一律的，不是某种风格就一定比另一种风格好。不同特质的演讲者有不同的演讲风格，我们可以根据 DISC 理论调用相应的特质进行平衡。

D特质演讲者

D代表英文单词Dominance，是支配的意思，代表直接、控制与独断。

D特质演讲者扮演的是指挥者的角色。他们的特点是关注事、直接，重视结果。他们通常在决策方面表现出色，善于引领团队前进，代表人物包括董明珠。

董明珠在演讲时表现出很强的D特质，她的演讲总能激发团队的积极性和行动力。下面是她2022年跨年演讲的节选。

各位嘉宾：

大家晚上好。

当我站在这里，看到今天的主题是“更好的明年”。其实这句话我觉得是每一个人的梦想，也是每一个人的期待。

如何实现更好的明年？我觉得要把两个字拿掉——“躺平”。“躺平”实际上在这个时代，是和我们这个时代不相符的。我们要改变它，那我们需要什么？我们如何让更好的明年能够实现？

在一个人的成长过程当中，更多体现出来的是随着时代的发展，展示自己的风采。我觉得那就是价值。

在过往的这些年当中，我们一直在讲创新。到底什么是创新？我们都在强调创业，如何来创业？格力电器的发展经历了30年，从销售额2000万元到2000千亿元、从一个几百人的小厂成为一个9万人的公司、从单一的空调到全品类的电子消费产品……所以讲更好的明年，作为一个企业，就是把创新落实在行动当中。在实践当中能够真正看到创新给我们带来的收益和收获。

I特质演讲者

I代表英文单词Influence，是影响的意思，代表爽朗、友善、外向、温柔与热情。

I特质演讲者扮演的是社交者的角色。他们的特点是关注人、直接，代表人物包括美国前总统克林顿。

发挥I特质，使用有创意的结构和情节，可以增加演讲的吸引力，引起观众的注意力，提升演讲的表现力。

克林顿在演讲时，总是利用情感化的叙述，来说明自己的观点，使得演讲非常有感染力，起到说服和鼓励的作用。下面是他 1993 年的就职演讲节选。

美国人民唤来了我们今天庆祝的变革。你们毫不含糊地齐声疾呼。你们以前所未有的人数参加了投票。你们使国会、总统职务和政治进程本身全都面目一新。

是的，是你们，我的美国同胞们，促使春回大地。现在，我们必须做这个季节需要做的工作。现在，我就运用我的全部职权转向这项工作。

我请求国会同我一道做这项工作。任何总统、任何国会、任何政府都不能单独完成这一使命。

同胞们，在我国复兴的过程中，你们也必须发挥作用。

我向新一代美国年轻人挑战，要求你们投入这一奉献的季节——按照你们的理想主义行动起来，使不幸的儿童得到帮助，使贫困的人们得到关怀，使四分五裂的社区恢复联系。

S 特质演讲者

S 代表英文单词 Steadiness，是稳健的意思，代表谨慎、稳定、耐心、忠诚与同情心。S 特质演讲者扮演的是支持者的角色。他们的特点是关注人、间接，代表人物是喜好和平的甘地。

甘地的演讲强调和平，不通过暴力解决问题。

C 特质演讲者

C 代表英文单词 Compliance，是谨慎的意思，代表细节、事实、精确。C 特质演讲者扮演的是思考者的角色。他们的特点是关注事、间接，代表人物是比尔·盖茨。

比尔·盖茨善于使用富有说服力的数据和实例来强调他的观点，以帮助观众理解问题。下面是比尔·盖茨 2017 年在北京大学的演讲片段。

除了健康领域之外，我认为中国能够推动全球进步的第二大领域是农业。1975 年以来，中国的农业生产率以每年 12%的速度增长，是非洲农业年增长率的四倍。农业发展不仅解决了基数巨大且不断增长的中国人口的温饱问题，还促进了国民营养和健康水平的改善、农村收入的增加和贫困人口的下降，并向其他产业提供劳动力，从而在整体上推动了中国经济的发展。

引发中国当代绿色革命的因素有很多，其中最重要的一点是中国在农业创新领域的投入以及像袁隆平教授等杰出专家们的努力。袁教授是湖南农业大学的农作物专家，他研究的杂交水稻将水稻亩产量平均提高了 20%。

中国在杂交水稻领域所取得的持续进步能够为撒哈拉以南的非洲地区数百万的小农户带来巨大的好处，他们中有很多人无法生产足够的粮食养活家人，并将在未来几十年面临更加严峻的气候状况。

自 2008 年起，我们支持中国农业科学院和其他科研机构开发水稻新品种。通过将这些品种与塞内加尔、坦桑尼亚和卢旺达等国的本地品种进行杂交，我们将得到高产量的耐逆境作物，增加农民的收成和收入。

结束语

每个人都有不同的演讲风格，也可以根据观众的行为倾向设计更有效的演讲。比如，制订有效的演讲结构和表达方式，使演讲能更好地满足不同观众的需求；分析和预测不同观众的反应情况并改进演讲，以便更好地激发观众的兴趣并获得有效的反馈。

演讲是我们必须掌握的技能之一。通过掌握科学的方法以及持续的刻意练习，我们都能成为演讲高手，在演讲的舞台上大放异彩。

李俊

DISC国际双证班第32期毕业生

PPT实战培训师

《培训》杂志封面人物

金山办公技能大师级认证（KOS）

扫码加好友

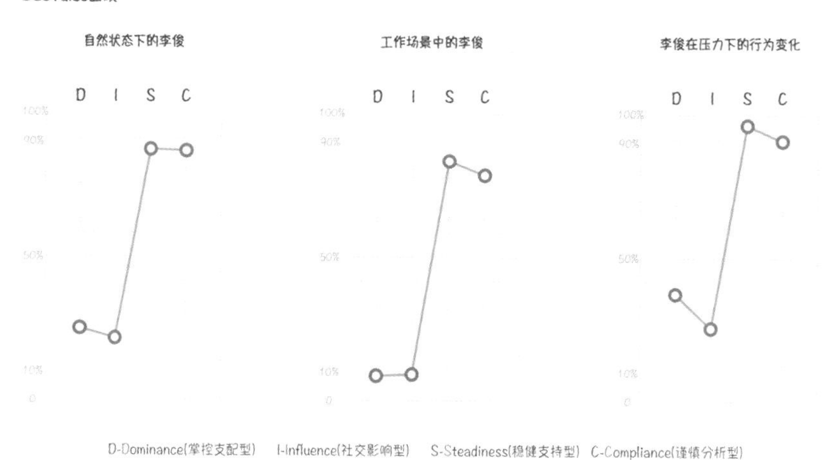

李俊对结构、秩序、框架、组织性和正确性都有比较高的要求，注重逻辑性，并且理性、客观地看待事物；他真诚随和、亲切友好、耐心周到、沉静含蓄；他能有始有终地完成任务，知道如何将任务拆分或组合，以设计出有效的工作流程；他善于归纳、整合方方面面的细节，非常坚定自信；无论是生活，还是工作，他都更喜欢提前进行计划，未雨绸缪。

“洗剪吹”三招搞定 PPT

一谈到 PPT，很多人的内心都非常抗拒，因为不知道怎么下手、不知道怎么选字体、不知道怎么搭配颜色、不知道怎么排版……

明明想要做出条理清晰、赏心悦目的 PPT，但实际做出来的效果，往往不尽如人意。

那么，如何制作出优秀的 PPT 呢？为大家推荐“洗剪吹”三招来搞定 PPT，无论是想要优化 PPT，还是从零开始制作一份 PPT，都可以用这三招来搞定。

第一招：“洗”

“洗”，包括洗清字体和洗清颜色。

洗清字体

以下两页 PPT，哪一页的内容更易阅读？答案是右侧的 PPT，因为它更符合我们的阅读习惯。

DISC+社群

特邀大咖导师包班超值私房课

已出版16本合集助力毕业生破圈

是“联合创始人”而非“社群成员”

「Before」

DISC+社群

特邀大咖导师包班超值私房课

已出版16本合集助力毕业生破圈

是“联合创始人”而非“社群成员”

「After」

仔细对比，这两页 PPT 有什么区别呢？

左侧的 PPT 使用了多款字体，视觉效果非常混乱，在信息的传达上给观众造成了阻碍；而右侧的 PPT 则使用了同一款字体（微软雅黑），非常清爽，重点内容突出，更容易阅读和理解。

当我们制作 PPT 时，在一页 PPT 或一套 PPT 中，建议使用三种以内的字体组合。

给大家推荐在工作场景下使用率高的四套字体搭配方案。

标题：微软雅黑，正文：微软雅黑 Light

标题：思源黑体，正文：思源黑体 Light

标题：思源宋体，正文：思源黑体 Light

标题：书法字体，正文：思源黑体 Light

标题：微软雅黑，正文：微软雅黑 Light。

这是一套非常安全的字体搭配方案，因为当下办公电脑主流使用的 Windows 10 系统（或更高版本）都自带微软雅黑字体。

人们在浏览采用此套字体搭配方案的 PPT 的时候，视觉效果能保持一致，还避免了因为特殊字体丢失而导致的 PPT 变形的问题，所以非常安全、便捷。

需要注意的是微软雅黑不支持免费商用。

字体搭配方案一：商务风

「应用效果」

微软雅黑
微软雅黑Light

「字体组合」

标题：思源黑体，正文：思源黑体 Light。

思源黑体是一款免版权、开源的字体，外形类似微软雅黑，可以满足我们在商业场景下的应用。

字体搭配方案二：商务风

「应用效果」

思源黑体
思源黑体 CN Light

「字体组合」

标题：思源宋体，正文：思源黑体 Light。

推荐在制作关于党政、学术等内容的 PPT 时使用，更能体现出自身的历史、文化、艺术等特点。

字体搭配方案三：党政风

「应用效果」

思源宋体
思源黑体 CN Light

「字体组合」

标题：书法字体，正文：思源黑体 Light。

书法字体可以让 PPT 呈现出大气、厚重、有气势等特点，具有良好的吸睛效果。推荐在封面页、结尾页、金句页中使用此字体搭配方案。

考虑到书法字体的辨识度问题，不推荐在正文中使用书法字体。

字体搭配方案四：书法风

「应用效果」

「字体组合」

小贴士：微软雅黑是 Windows 系统自带的字体，此外，如果需要更多字体，可以在各大字体官网和素材网站中下载，双击即可完成安装。

如果在字体上有更多的需求，推荐安装字由软件。这个软件可以对字体进行详细的分类和整理，支持主流的办公软件，一键即可进行字体效果的预览和字体的安装。

洗清颜色

以下两页 PPT 案例，哪一页更易阅读？答案是右侧的 PPT。

「Before」　　「After」

因为左侧的 PPT 使用了大量的颜色（因本书为双色印刷，无法显示），视觉效果非常混乱，在信息的传达上给观众造成了阻碍；而右侧的 PPT 则非常清爽，一目了然。

对于大多数人来说，配色是一个难题，大多凭借着自己的感觉来，或者下载的模板是什么颜色的，就用什么颜色。

以下分享几个简单易操作的配色技巧，帮助你快速做出赏心悦目的 PPT。

LOGO 配色法。

LOGO 是一家企业综合信息传递的媒介，可以让消费者记住公司主体和品牌文化，而人们对于企业品牌的印象往往来源于 LOGO 的色彩。比如：京东的红、淘宝的橙，都是深入人心的。

所以，在制作 PPT 时，可以使用 LOGO 的配色，以此来强化企业的品牌形象。使用 LOGO 配色也是最安全的，因为不会有人质疑企业 LOGO 的配色不好看。

同色系配色法。

先通过 LOGO 颜色来确定 PPT 的主色调，然后借助同色系配色技巧，用更丰富的色彩打造具有层次感的 PPT。

同色系配色法具体的操作分为两个步骤：

第一步，借助"取色器"工具，选择 LOGO 的颜色。

第二步，使用"其他颜色工具"，将"颜色模式"调整为 HSL 模式；在色调和饱和度保持不变的情况下，通过调整亮度的数值（以±30 为单位进行调整），可以得到一系列的颜色。将之应用到 PPT 中，既可以丰富 PPT 的配色，同时还呈现统一和协调的视觉效果。

同色系配色法

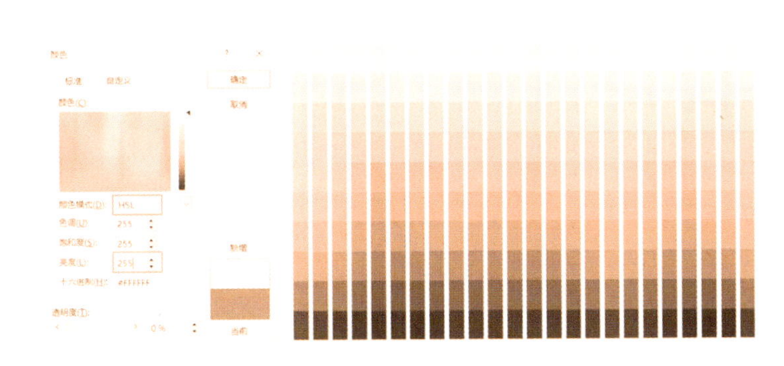

单页 PPT 应用。

通过 LOGO 色，得到一组亮度数值不同的颜色，将其应用到单页 PPT

中，既保持了 PPT 配色与品牌形象的统一性，同时还丰富了 PPT 的层次。

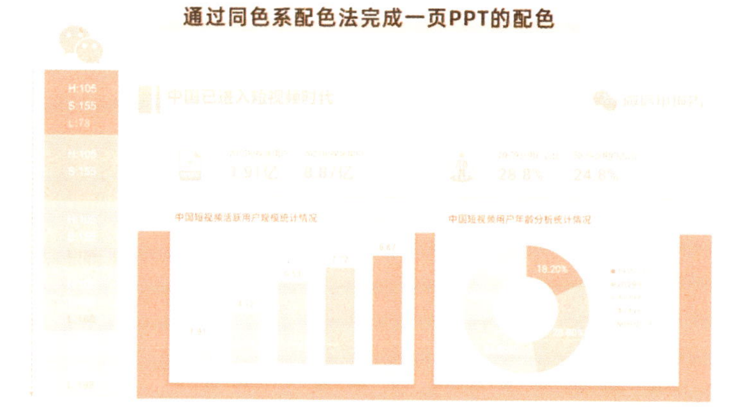

通过同色系配色法完成一页PPT的配色

整套 PPT 应用。

在上一页 PPT 的基础上，同样通过同色系配色法接着做出第二页、第三页 PPT……最终做出一整套既统一又丰富的 PPT。

通过同色系配色法完成一套PPT的配色

行业特征配色。

如果企业无 LOGO 或 LOGO 是黑白色的，该如何确定 PPT 的主色调呢？

建议按照行业的特征来进行选择，比如：党政类 PPT，建议使用红色作为主色调；农业类 PPT，建议使用绿色作为主色调；科技类 PPT，建议使用蓝色作为主色调；餐饮类 PPT，建议使用黄色作为主色调……

不同的行业选择不同的颜色进行搭配，可以进一步衬托主题的氛围。

第二招："剪"

"剪"，包括剪齐内容、剪短文案。

剪齐内容

以下两页 PPT，哪一页更易阅读？答案是右侧的 PPT。

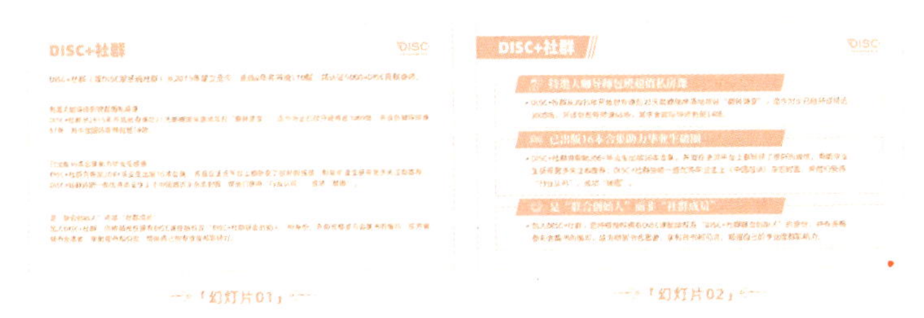

「幻灯片01」　　「幻灯片02」

因为左侧的 PPT，内容排版毫无重点，带给观众混乱的阅读体验；而右侧的 PPT，所有的内容提纲挈领，段落间距也保持了一致，带给观众整齐划一的阅读体验。

当 PPT 中的元素较多时，可以通过对齐，使原本杂乱的信息具有条理性，从而帮助观众在最短的时间内获取最多的有效信息。

根据对象的不同，可以将对齐方式分为两大类：

第一类，对于一段文本而言，常用的对齐方式有左对齐、居中对齐、右对齐、两端对齐、分散对齐；

第二类，对于多段文本或者多个元素来说，常用的对齐方式有左对齐、居中对齐、右对齐、两端对齐、上对齐、中部对齐、下对齐。

剪短文案

以下两页 PPT 案例，哪一页更易理解？答案是右侧的 PPT。

「幻灯片01」　　「幻灯片02」

因为左侧的 PPT，只是简单地把内容进行了排列，读者不易抓住重点；而右侧的 PPT，对核心的观点进行了提炼，读者一眼即可明白整页 PPT 要传达的观点。

PPT 内容经过“剪短”（高度提炼）后，具有更清晰的结构，传达的信息既准确又精练。

第三招：“吹”

“吹”，包括吹大重点内容、吹大配图。

吹大重点内容

以下两页 PPT，哪一页更易理解？答案是右侧的 PPT。

因为重点内容被“吹”大后，PPT 的内容更容易被观众第一时间阅读和理解。

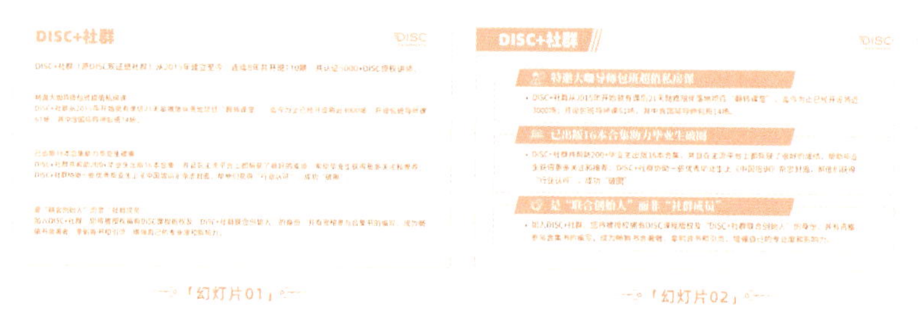

「幻灯片01」　「幻灯片02」

在制作 PPT 时，有哪些技巧可以放大文字信息呢？常用的技巧有放大、加粗、调颜色、改字体、加形状。

这几类“放大”技巧往往可以组合使用。

PPT吹大重点内容前后的对比

「Before」　「After」

吹大配图

只有文字的 PPT 往往过于单调，需要添加图片来丰富 PPT 的视觉效果，但如果只是简单地添加图片，PPT 的视觉效果往往一般。

当我们“吹”大图片后，整页 PPT 的视觉效果就完全不同了，有了一种吸睛的效果。

结合前面的知识点，我们还可以把文案的重点内容也进一步“吹”大，使整页 PPT 的视觉吸引力得到显著的提升，产生让观众“看得懂，记得住”的视觉效果。

实战案例分析

接下来，我们运用“洗剪吹”综合修改两个案例，帮助大家进一步掌握这三个技巧。

案例 1

问题分析：排版不整齐、颜色乱搭配。

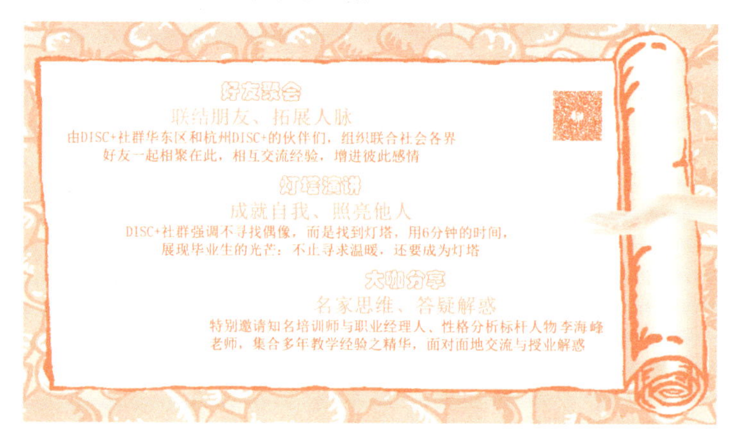

洗一洗：洗清字体和颜色，统一字体为微软雅黑，删除多余的背景图片和配色。

好友聚会
联结朋友、拓展人脉
由DISC+社群华东区和杭州DISC+的伙伴，组织联合社会各界
好友一起相聚在此，相互交流经验，增进彼此感情

灯塔演讲
成就自我、照亮他人
DISC+社群强调不寻找偶像，而是找到灯塔，用6分钟的时间，
展现毕业生的光芒：不止寻求温暖，还要成为灯塔

大咖分享
名家思维、答疑解惑
特别邀请知名培训师与职业经理人、性格分析标杆人物李海峰
老师，集合多年教学经验之精华，面对面地交流与授业解惑

DISC

剪一剪：剪齐内容和文案，所有内容左对齐，图片保持居中对齐。

好友聚会：联结朋友、拓展人脉
由DISC+社群华东区和杭州DISC+的伙伴，组织联合社会各界好友一起相聚在此，相互交流经验，增进彼此感情

灯塔演讲：成就自我、照亮他人
DISC+社群强调不寻找偶像，而是找到灯塔，用6分钟的时间，展现毕业生的光芒：不止寻求温暖，还要成为灯塔

大咖分享：名家思维、答疑解惑
特别邀请知名培训师与职业经理人、性格分析标杆人物李海峰老师，集合多年教学经验之精华，面对面地交流与授业解惑

吹一吹：吹大重点内容和配图，突出重点信息和二维码图片。

好友聚会 联结朋友、拓展人脉
由DISC+社群华东区和杭州DISC+的伙伴，组织联合社会各界好友一起相聚在此，相互交流经验，增进彼此感情

灯塔演讲 成就自我、照亮他人
DISC+社群强调不寻找偶像，而是找到灯塔，用6分钟的时间，展现毕业生的光芒：不止寻求温暖，还要成为灯塔

大咖分享 名家思维、答疑解惑
特别邀请知名培训师与职业经理人、性格分析标杆人物李海峰老师，集合多年教学经验之精华，面对面地交流与授业解惑

DISC+
凡事必有四种解决方案

当我们在制作或优化 PPT 的时候，不必一定遵循“一洗，二剪，三吹”的步骤进行操作，熟练以后完全可以根据具体的需要，调整操作的步骤。

案例 2

问题分析：排版不整齐、重点不突出。

洗一洗：统一字体为微软雅黑。

吹一吹：吹大重点内容和配图。

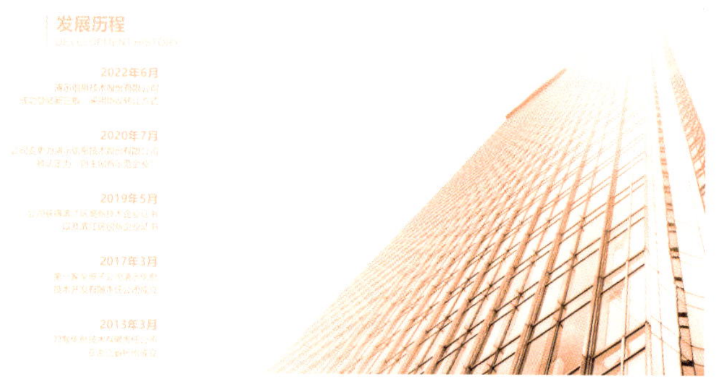

剪一剪：剪齐内容和文案，让图片和文字排版更协调。

结束语

欢迎扫码添加作者微信，发送关键词“洗剪吹”，即可获得“洗剪吹”三招搞定 PPT 实操版视频课程。

金莉

DISC+讲师认证项目A16期毕业生
连锁宠物医疗技术院前院长
它经济行业分享者

扫码加好友

金莉 BESTdisc 行为特征分析报告

SC 型

6级　工作压力 行为风格差异等级

DISC+社群

报告日期：2023年04月09日

测评用时：05分21秒（建议用时：8分钟）

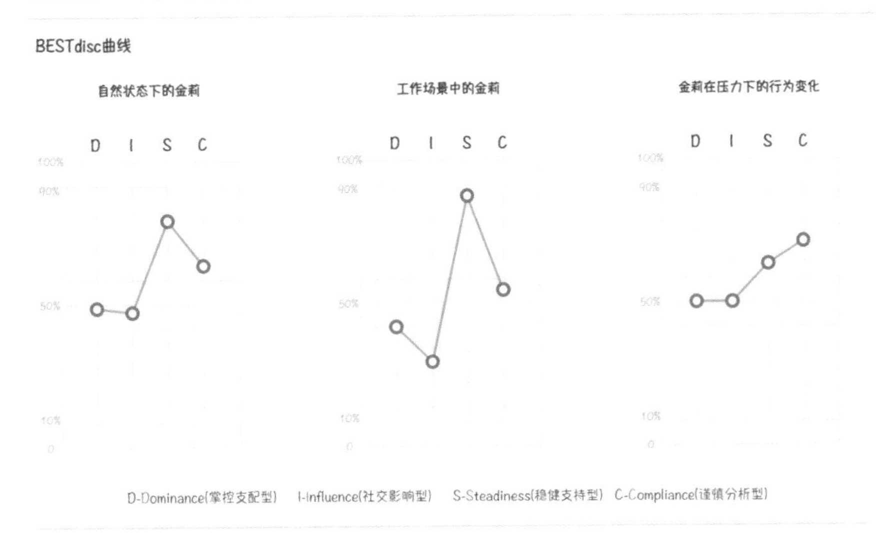

金莉留给别人的印象是敏感机灵、反应迅速、有创新能力；专注于做事情的过程，工作相当卖力，是团队中稳定而可靠的一员；她在集中精力处理项目时，有相当强的洞察力，能客观、冷静地运用逻辑分析能力，条理清晰地制订决策；她凡事力求完美，会在达到目标的同时追求正确性；更喜欢在没什么压力的情境下与相熟的人打交道。

提高宠物诊疗满意度的沟通方式

随着生活压力的增大，人们逐渐将宠物视为自己的亲人朋友。近年来，人们内心对于陪伴的需求不断增加，宠物家庭渗透率逐年升高，未来伴侣动物将会进一步融入人们的生活。

2022 年 5 月，教育部《义务教育劳动课程标准（2022 年版）》正式印发。该标准鼓励中小学生养护 1—2 种植物或饲养 1—2 种小动物，初步形成关爱生命、热爱自然的意识。这也是推进宠物行业发展，提升宠物临床工作者地位和价值的新起点。

面对市场的变化，宠物诊疗机构也越来越注重提升技术的专业度和客户服务的满意度。

因为喜欢宠物，我加入了宠物行业。在工作中，我需要和宠物诊疗机构的工作人员打交道，也喜欢观察宠物诊疗机构的工作人员和宠物主人的沟通模式。我发现，DISC 理论可以帮助我们提高人际交往敏感度，更好地服务客户，从而提升客户服务的满意度。

D 特质客户

特点：比较积极，重视成果，以工作为第一要务。

穿着：一般以套装为主，穿着正式，往往不喜欢太烦琐的装饰品。

行为：目的性非常明确，进门后会快速走到前台挂号或者找到熟悉的医生，直接告知宠物的问题或此次过来的目的；如果是新客户，他们说话的时候会比较严肃，给人以压迫感。

在临床诊疗中，他们也会喜欢指挥医生用药；显得着急、没有耐心，一两天就想把病治好；说话直接，要医生保证效果；他们喜欢掌握沟通的局势，扮演做最后决定的角色。例如，他们会问："医生，最终诊断是什么？它是怎么感染的？"

识别客户后，如何更好地提高服务满意度呢？

在诊室就诊时，应根据他们提供的信息，以及确认他们发现的问题来进行诊疗；根据预防医学检查表上的内容对宠物进行全面体格检查，提前告知做体格检查是为了辅助发现其他没有观察到的症状，以及初步评估宠物目前的状况；发现问题时，一定要让他们亲自过目。

在跟 D 特质客户沟通检查项目时，告诉他们这样做的好处，他们的购买速度会很快。展示我们的专业能力，自信果断地告知化验结果，同时给出明确结果和治疗方案，简单快速地告知治疗方案的利弊，让客户说话，让他们做决定，满足他们独立做出决策的需求。

如果诊疗时，D 特质客户质疑我们的专业，并提出其他的疑虑，不要担心，接受他们的直率，自信但不强势地打消他们的疑虑即可。

他们的工作节奏比较快，可支配的时间较少，我们在治疗时以节省他们的时间和精力为主，可以提议让小动物住院治疗，安心舒适的住院环境能让他们更放心。如果治疗效果未达到预期，要及时地道歉。当他们给我们一些建议时，要表示感谢，这会使彼此之间的关系更为融洽，沟通更为顺畅。

D 特质顾客关注结果、行动、挑战，往往将结果放在优先地位。他们优先考虑行动，所以他们专注于迅速、有力地实现自己的目标。如果我们花很多时间分析而不是采取行动，他们可能会对我们失去耐心。

I 特质客户

特点：喜欢看热闹，喜欢说话，也强烈希望获得认同，天真活泼，情绪波动比较大，喜欢简单直接。

穿着：有风格，追求时尚，非常注重自己形象，每次到医院都精心装扮。

行为：进门后会观察前台工作人员，多方查看，面部表情丰富；沟通时，语速较快，音调忽高忽低。在前台登记时，他们的关注点也非常多，但会选择性地接受自己想要知道的信息。他们不喜欢被欺骗。

在临床诊疗中，他们提供给医生的信息往往不准确，常常夸大，医从性较差；有情绪化的表现；也难以坚持治疗。我们可以跟他们分享一些院内趣事，或者引导他们说一些宠物在家的趣事来拉近关系。

识别客户后，如何更好地提高服务满意度呢？

要让整个诊疗过程充满愉悦（如果是危重病例，此时不适用）。在做体格检查时，也需要让他们共同参与，多夸奖他们饲养的小动物；根据他们描述的症状，找出重点信息，用简洁的话沟通病情；遇到比较严重的疾病，或者医生表示病情比较棘手时，他们就会非常担忧，容易情绪化，我们要有同理心，理解他们的感受，提供诊疗方案让他们放心。

对于这类型客户，我们要做的是重视他们提供的信息。倘若他们有情绪，不要跟他们争辩。

在沟通过程中，我们需要强调严重性和长期治疗的必要性。由于他们的忘性特别大，我们需要给他们一些书面医嘱；院内如果有一些伴手礼，也可以主动提供给他们。

I特质顾客，开朗又乐观。他们喜欢结识朋友，平时只要与他们保持联络，搞好关系，成交就会比较容易实现。

S特质客户

特点：很稳健，不太容易生气，重视和谐，是非常好的倾听者。他们对于既定的事情，不喜欢改变，但是也经常在做决定之前犹豫不决。

穿着：喜欢穿舒服、合适的衣物。

行为：在前台登记时，会很配合地回答问题，但他们总是犹豫不决，导致诊疗耗时长。

识别客户后，如何更好地提高服务满意度呢？

他们的消费观是非常喜欢为别人买东西，并且需要一些时间考虑，所以要给他们时间和空间；他们也会有计划地购买东西，查找资料，探听口碑，容易接受别人的看法和建议。

在诊疗时，我们要告诉他们宠物疾病的发展方向，表现出工作人员的责任感，给他们一些安全感。比如说："贝贝家长，贝贝现在确诊为急性胰腺炎。但请不用特别担心，这个疾病的治疗周期是两周。我们也遇到过很多这样的案例，只要定期治疗，很快就会改善……"引入一些相关成功案例做展示，他们会更有安全感。

不要让他们觉得问题是他们造成的，要给出郑重的承诺，提醒他们用药期间要注意的一些细节，明确表示可以随时为他们提供支持，以了解宠物的状况。

在沟通时，我们首先要取得他们的信任，征询他们的意见，给予足够的考虑时间，鼓励他们为宠物选择方案；同时要避免提及风险跟改变，也要避免对立，一旦他们觉得没有安全感，他们就会转而寻找其他医院。

S 特质顾客，往往考虑稳定性，专注于维护可预见、有序的环境。他们非常谨慎，缺乏安全感，所以在跟 S 特质客户沟通时，需要给他们足够的安全感。

C 特质客户

特点：注重细节，逻辑观念强，也很精确，比较理性和独立，很谨慎、细心。

穿着：色彩平淡，不喜欢艳丽的颜色，服饰干净、整洁、保守。

行为：强调执行步骤和优先次序，不喜欢也不习惯跟人有身体接触，比较较真，喜欢在比较之后再做决策。他们非常关注医生的逻辑和专业度，会询问不同诊疗方案之间的细节，也会对接诊医生的服务和整体价格做一些比较。同时，他们也很重视售后服务，比较理性，甚至有一些挑剔。

识别客户后，如何更好地提高满意度呢？

对于C特质客户，我们在接待中，表现出流程化，专业化；在诊疗中可以提供一些数据报告，使用一些专业词汇，提前准备一些文献作为展示，以此呈现专业度和条理性。沟通过程中，避免使用出现“可能”“或许”这些不确定的字眼，让他们主动发问，再提供专业解答，详细而有耐心地向他们解释过程和细节，使他们对我们的服务满意。

C特质顾客，往往表现得很稳重，他们会分析所有的选项，然后做出可预期的决定。但他们也可能会公开质疑，并指出很少有人注意到的瑕疵。所以，我们需要逻辑严谨、注意细节、做好充分的知识储备，以提供更多的有关小动物健康的建议。

结束语

2022年是不断变化和寻找突破的一年。宠物与主人健康息息相关的认知不断加深，更多目光聚焦在宠物健康和宠物医疗行业。这是挑战，也是宠物医疗行业冲破圈层，将宠物健康知识普及给更多人的契机。

在产品同质化严重的当下，谁获得客户的心，谁就能赢得市场。如何提高客户服务质量，对宠物医疗行业提出了新的要求。

Tammy

DISC+讲师认证项目A19期毕业生

民族文化传播者

梦想人生设计师

扫码加好友

Tammy BESTdisc 行为特征分析报告

CSD 型

4级 工作压力 行为风格差异等级

DISC+社群 DISC

报告日期：2023年03月16日

测评用时：09分18秒（建议用时：8分钟）

D-Dominance(掌控支配型) I-Influence(社交影响型) S-Steadiness(稳健支持型) C-Compliance(谨慎分析型)

Tammy非常有才能，善于运用逻辑分析理性地做决定，是独立自主的问题解决者；她工作时以身作则，重视并表现出专业性，讲求精确性，喜欢多样化而富有挑战性的任务；沉静、友好、敏感、仁慈，是她给人们留下的印象；她有很强的驱动力、充沛的工作精力，而且步调迅速；遇到困难时，她会马上想出有创意的对策并立即付诸行动；她追求完美，在知识和能力方面严格要求自己，又有非常高的水准。

揣在口袋里的彩虹糖

《阿甘正传》里有一句经典的台词：人生就像一盒巧克力，你永远不知道下一颗会是什么味道。我想说：虽然不知道下一颗巧克力是什么味道的，但是我兜里还揣着一袋彩虹糖啊！

梦想的种子

我在一个传统家庭长大，父母对我最大的愿望就是有一份稳定的工作和一个和睦的家庭，安安稳稳地过自己的小日子。

而我，渴望的人生却是色彩斑斓的……

从我记事起，每到寒暑假，父母总会从百忙中抽出时间，带我游历祖国的名山大川，见识各地的风土人情。我喜欢祖国的秀美山川，喜欢波涛汹涌的大海，喜欢形形色色的地方风物，喜欢少数民族淳朴热情的民俗氛围。

我是一个少数民族姑娘，一个满族人。从小，我便对自己的民族充满了好奇，常常问大人们一些问题，诸如：我们有没有家谱呀？满族在生活上有什么禁忌呀？会不会说满语呀？

可是大人们的答案总是不太令我满意。在他们看来满族早就跟汉族没有什么差别了。他们越是这样说，执拗的我就越想去挖掘优秀的满族文化！

在那个网络还不是很发达的年代，我努力去寻找任何跟满族有关的线索，找到满族人的社群，还有满语培训班。

后来认识的一位蒙古族姐姐告诉我，故宫里的满文她都能看懂；一位锡伯族的姑娘说满语的发音跟锡伯语很像。我也发现了越来越多的满语社群，看到了越来越多的民族文化传播者在研究和传承着自己的语言和文化。

我的心逐渐安稳了下来，不再像之前那样焦虑，那颗梦想的种子已经种在了我的心里。

积蓄能量

如果有人是为梦想而活的，那我大概算一个吧！我的梦想是为民族文化的传播多做些什么。

可是，追梦的路哪有那么好走。大学的时候，曾因为电影《刮痧》带给我的触动，我组织同学将它改编成同名音乐舞剧；工作之后参加了满语社群，保持着与自己民族的联系；也进行过其他尝试，但多数都不幸夭折了。

也许一个阶段结束，需要进入下一阶段的时候，总是需要经历些什么吧！

尽管那一段路并不好走，但幸运的是我在人生最低谷，遇到了很多贵人。他们的智慧疗愈并重新点亮了我。也是在这个追逐梦想、自我拯救的过程中，我对自己有了更深刻的认识，并积累下了很多有效的方法。

有人说："是什么拯救过你，你就用它来拯救世界。"

渐渐地，我萌生出了一个新的想法，我想在传播民族文化的同时，做一些助人的事。用这些我验证过的有效的方法，帮助更多像我一样的逐梦者，或是面临人生困惑的人。

面对人生困境

进入 VUCA 时代，越来越多的人遭遇自己的人生低谷与困境：中小企业主面临市场萎缩而破产；职场人面临裁员而被迫失业，或是在企业里遭遇各种压力和不愉快，游走在离职与留下的边缘；有人跳槽到了新公司以后，在前公司面临的问题又会重新上演。

这个时候，我们该坐下来好好剖析一下自己，看看问题究竟出在哪里。更何况，对于大多数人来说，跳槽或者转型也不是一个可以轻易做出的人生选择。

那么，在我们遇到人生困境的时候，是否还有其他解决方案呢？

一位来访者，他在企业里做客户服务，每月需要将客户反馈的问题制作成表单，反馈给产品部。他说，自己已经厌倦了这种枯燥的工作，也跟领导申请过调岗，但是没有得到积极的回应，他想离职，可又担心新工作无法带来稳定。他正在面对的是职场倦怠的问题。

来访者非常健谈，在与他沟通的过程中，他分享了很多工作中的光辉时刻。他说他更喜欢跟人打交道，也喜欢把自己的观点展示出来。

于是，我问他："你的公司是否支持你做一些小小的分享会呢？"

他说，是可以实现的，他可以通过组织业务交流的方式做分享。我就鼓励他把与客户沟通时发现的问题，做个典型案例分享，不定期地组织相关业务部门进行交流。另外，他做客户调研是以电话沟通的方式进行的，我建议他以后多尝试和客户面对面沟通。

他采纳了我的建议，经过一段时间尝试后，工作更有动力了。

从这个案例中可以看到，解决职场问题，并不是只有离职一条路可以选。剖析产生问题的原因后，对症下药，哪怕只是对行为做稍许的调整，都能帮助我们走出当前的困境。

DISC 彩虹糖

人的一切烦恼都来自于人际关系。人的认知框架，包括冰山上和冰山下的部分。对于我们大部分人来说，冰山下的认知是伴随我们成长、经年累月形成的思维模式，即使想改变，也不是能轻易实现的；而在冰山之上的部分，则与我们的行为模式有着很大的关系，它会随着周围环境的变化而进行调整。

当然，我们的行为模式在自然状态下的表现也会和思维模式有着莫大的关联。在前文的案例中，我运用了 DISC 理论来拆解分析。

20 世纪 20 年代，美国著名心理学家威廉·莫尔顿·马斯顿博士首次提出了 DISC 理论，它是一种关于“人类行为语言”的理论。

DISC 帮助我们调整我们的行为模式，化解我们的人生困境，实现在照顾好自己的同时，也能照顾好我们身边的人。它像装在我们口袋里的彩虹糖，帮助我们在遇到不同情况时，通过调取不同的行为特质调整微环境，让自己适应周围的人际网络。

马斯顿博士的研究方向有别于弗洛伊德和荣格所关注的人类异常行为，研究的是可辨认的人类正常行为，他把人的行为按照关注人或关注事、反应快或反应慢，分为四种特质。为了更形象地说明，我用文学作品《三国演义》中的人物进行举例。

D 特质：关注事，反应迅速

彩虹颜色：红

代表人物：张飞

I 特质：关注人，反应迅速

彩虹颜色：黄

代表人物：关羽

S 特质：关注人，反应慢

彩虹颜色：绿

代表人物：刘备

C 特质：关注事，反应慢

彩虹颜色：蓝

代表人物：诸葛亮

当我们引入 DISC 理论来看待我们周围的人时，就更容易发现当前人际关系存在的问题了。当我们遇到不同特质的问题时，因地制宜地调取相应的解决方案，就像吃不同颜色的彩虹糖一样，瞬间就可以心情愉悦。

在前一个案例中，来访者是一位 I 特质的人，喜欢跟人打交道，但他当前的工作却是以服务支持性的工作为主。在这样的工作状态下，他不能充分发挥与人互动的优势，也不能展现他的人格魅力，日积月累，个人特质受到压抑，逐渐对工作不满。

运用DISC对他的行为风格进行剖析后，我顺应他的行为风格帮助他对工作进行优化，起到了比较好的效果。

另外一位来访者的领导属于D特质，喜欢发号施令、独立果决、自尊心极强、创新力强、变化快；当别人给他做汇报时，他习惯于直接听结果，喜欢下属拿出完整解决方案由他做判断。

来访者在介绍自己遇到的问题时说，起初，领导给他布置任务时，他总会积极响应，但每次跟领导汇报都得不到好的回应，甚至有时受到领导劈头盖脸的批评。慢慢地，领导再给他布置工作时，他也不像以前那样有动力了，但其实他还挺喜欢自己现在的工作的，不知道未来如何做。

这位来访者属于I特质，他的工作是打造个人IP。I特质的人，思维发散、活跃，为人热忱、擅长表达、喜欢展示自己。他们总能想到各种稀奇古怪的创意，但往往容易忽略将创意落地，容易沉迷于自己的才华无法自拔。

我问他："你是如何给领导做汇报的呢？"他兴奋地给我讲了起来，讲得天花乱坠，最后委屈地说："领导太没眼光了，我做的策划案这么棒都不喜欢！"

他遇到的问题是什么呢？

假设他的汇报对象是I特质的或是S特质的，他的汇报风格可能还好，但是他的领导是D特质的啊！D特质的人更关注结果，如果来访者可以帮助领导提出两个更为实际的方案，并提炼出两个方案能带来什么结果，相信D特质的领导会非常喜欢。

如果他掏出兜里的DISC彩虹糖，调用一点点严谨的C特质，把方案整合落地；调用一点点结果导向的D特质，再去跟老板做汇报："我起草了两个方案，A方案是……带来的结果是……；B方案是……带来的结果是……"

我想他的领导也会对他有很大的改观。

当然了，这位D特质的领导如果也能调用一点点S特质，给来访者一些赞美和鼓励，再指出问题，这位I特质的来访者也能在鼓励中受到激励呢！

结束语

运用 DISC 对我们面临的问题进行分析判断，有意识地调适自己的行为方式，用对方习惯接受的方式来沟通，将大大改善我们周围的人际环境，帮助我们解决当前的困境。

即便是利用 DISC 暂时无法解决当前的问题，它也能让我们因人际环境的改善而达到身心平静、平和的状态，在这样的状态下做出的各种决策，也会更加客观、可靠。

未来，我也会把 DISC 理论应用到民族文化的交流和互动中。尽管不同民族有着不同的语言和文化，但人类的行为风格是相通的，相信 DISC 会成为民族文化交流的纽带。

最后祝愿每一位追梦者梦想成真，拥有属于自己的美好人生！